中国 CHINA'S MEGA PROJECTS
超级工程
丛书
太空家园：中国空间站
U0947532
总顾问 聂震宁 陈
总主编 杜彦良
主 编 陈 馈 王江卡 周 蓓
河南科学技术出版社
·郑州·

图书在版编目（CIP）数据

太空家园 ： 中国空间站 / 陈馈， 王江卡， 周蓓主编 . 郑州 ： 河南科学技术出版社， 2024. 12. -- （中国超级工程丛书）. -- ISBN 978-7-5725-1704-4

Ⅰ . V476.1-49

中国国家版本馆 CIP 数据核字第 2024CJ7070 号

太空家园：中国空间站

出版发行：河南科学技术出版社

地址：郑州市郑东新区祥盛街 27 号　　邮编：450016

电话：（0371）65788613　65788642

网址：www.hnstp.cn

出 版 人：乔　辉

策划编辑：牟　斌　刘燕芳　王志强

责任编辑：杨　莉　刘燕芳　牟　斌　王志强

责任校对：耿宝文　徐小刚

整体设计：小红帆　祺虎平面

插图绘制：姜　雨　王美伦　赵博文

责任印制：徐海东

印　　刷：涿州市京南印刷厂

开　　本：787 mm × 1092 mm　1/16　印张：4　字数：100 千字

版　　次：2024 年 12 月第 1 版　2024 年 12 月第 1 次印刷

定　　价：49.80 元

“中国超级工程丛书”编委会

谨以此书献给可爱

可敬的工程建设者们

PREFACE/前言

科技如春风拂面，赋予世界勃勃生机，改变着世界。

如今中国已是科技大国，在基建、航天等领域，我们展翅高飞，创造了令世界瞩目的奇迹。

孩子们是祖国的花朵，是未来的希望，他们见证着祖国的科技辉煌和繁荣昌盛。编著这套图书的初衷，便是让每一个孩子都能领略到工程科技的魅力，感受到工程师的智慧。孩子是天生的小探险家，对世界充满了好奇与渴望。那些卓越的大国工程，对孩子们来说或许有些“高深莫测”，但请相信，我们将用生动、有趣的笔触，将它们呈现给孩子。在这套书中，我们将一起目睹中国高铁的疾驰如飞、大桥的横跨天堑、航天科技的梦幻传奇等。这些工程背后的国之匠心，是工程师们一次次的坚守担当，是他们托举起了强国建设、民族复兴的伟大梦想。

让我们共同翻开这套书，踏上一段奇妙的超级工程之旅。愿孩子们在阅读中收获知识，启迪心灵，培养科技素养，从小增强自信，成为新时代的杰出人才！愿孩子们在未来的日子里，绽放出属于自己的光芒，书写属于自己的传奇！

编者

2024年7月

2022 年 12 月 2 日，神舟十四号与神舟十五号航天员乘组完成了历史首次在轨交接。

2021 年 10 月 14 日，我国第一颗太阳探测卫星羲和号成功发射。

2020 年 7 月 23 日，我国第一个火星探测器天问一号成功发射。

2018 年 12 月 8 日，人类第一个着陆月球背面的月球探测器嫦娥四号发射成功。

2007 年 10 月 24 日，我国第一颗绕月人造卫星嫦娥一号成功发射。

2011 年 9 月 29 日，我国第一个空间实验室天宫一号成功发射。

2008 年 9 月 27 日，神舟七号航天员翟志刚在刘伯明、景海鹏的密切配合下，圆满完成我国首次空间出舱任务。

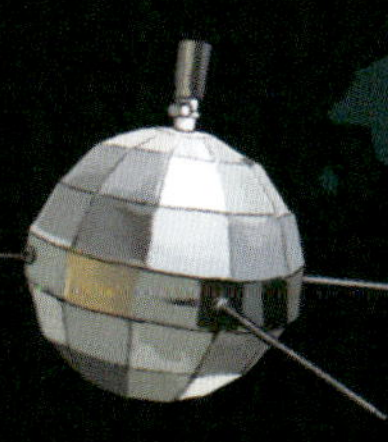

太空筑梦的航天人

“嫦娥”奔月、“神舟”往返、“天宫”建成……将古老的神话变为现实的成就，来自艰苦奋斗数十年如一日的航天“追梦人”。从大山深处到大海之滨，他们永不言弃；从翩翩少年到耄耋老者，他们不止不休。

早在1994年美国牵头组织建造国际空间站时，中国就曾经递交申请，但被美国拒之门外。抬头看看如今遨游天际的“天宫”，不禁让人感慨万千！

如今，在浩瀚星空中，我们拥有了自己的“天上宫阙”。在不久的未来，空间站将不断进行更新迭代，今后还会有若干个伴飞舱，让空间站成为一个真正的“太空母港”。当前已有许多国家加入中国空间站的首批科学实验项目，还有一些国家提出了加入申请。

正是因为无数航天人的奉献精神，如今的中国航天才能跻身世界先进行列。

1970年，我国第一颗人造卫星东方红一号，搭乘长征一号运载火箭，自戈壁大漠中腾空而起，在浩瀚宇宙中竖立起了属于中国的历史丰碑。

这支航天先锋队中，有一位荣获“两弹一星”功勋奖章的科学家——王希季。他是中国第一枚运载火箭长征一号总体方案的设计者，中国第一颗返回式卫星总设计师，中国18种探空火箭中，有12种是他担任型号负责人研制出来的。

王希季担任总工程师后，创造性地提出了以中程液体推进剂导弹为第一级和第二级，固体推进剂火箭为第三级的运载火箭方案。这一方案最终成为长征一号的核心技术方案，极大地加快了研发进度。

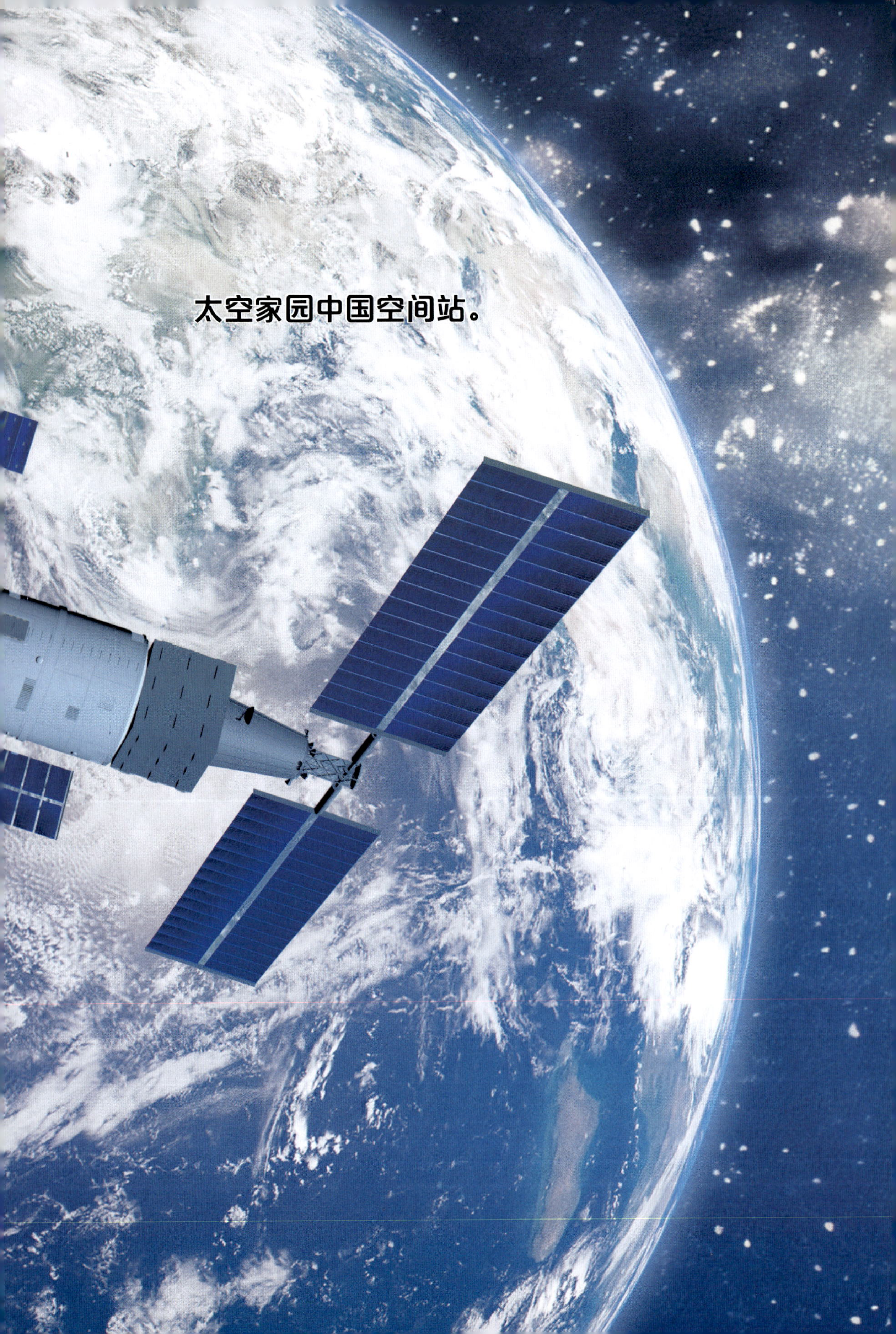

太空家园中国空间站。

大国工匠

目录

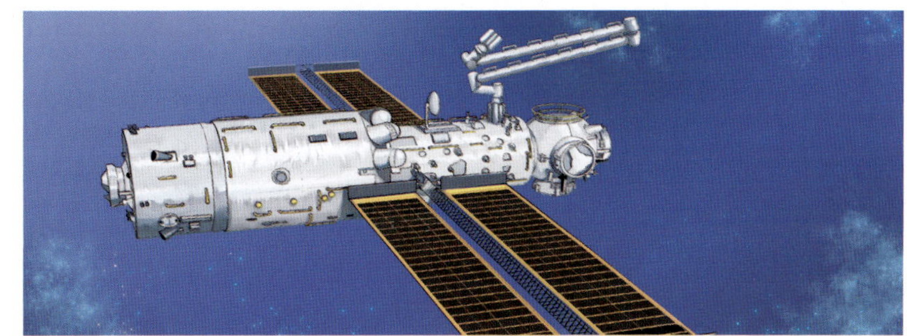

中国古人的飞天梦

“天宫”是中国神话传说中的宫殿，是天神们的居所，寄托着人们对天空的向往。为了实现飞天梦，古人还进行了许多科学探索和实践。

春秋战国的木鸢

相传，春秋战国时期，有一位名叫墨翟的科学家，他带领三百名徒弟经过三年的努力，终于制作出了一只神奇的木鸟。这只木鸟被人们称为“木鸢”。虽然木鸢只飞了一天就坏了，但它却成为后世风筝的起源。

东汉的木雕

东汉时期，有个叫张衡的科学家，他制作了一个神奇的木雕，这是一种肚子里安有机关的带滑翔翼的飞行器，只要开动机关，这个木雕就能飞起来。那个时代科学技术还比较落后，所以木雕的飞行距离和高度有限，但张衡能设计出用机械力作为飞行动力的木雕，说明在飞行探索方面，古人已经有了很大的进步。

古人的飞天神话

很多神话人物都可以驾着云朵在天上飞来飞去。古代没有飞机和火箭，但古人通过神话和传说，表达了对天空的向往和追求。

明朝的火箭飞行器

明朝，有一位叫万户的勇士，他非常勇敢，敢于尝试新事物。他有一个非常酷的想法：在天空飞翔！于是他把椅子安装在一个木制框架上，框架背后绑上 47 支用火药制的“火箭”，自己坐在椅子内，两只手各握着一只大风筝。他希望在“火箭”点燃升空后，这两只大风筝带着自己在空中飞行。虽然万户的实验没有成功，但他的勇气和探索精神真的很值得我们学习，他被人们称为“尝试火箭升空第一人”。

太空家园的演化

在太空建造一个家，听起来好像神奇而又遥远，但我们中国人已经把这个梦想变成现实。伟大的梦想是靠科学的力量一步步实现的。

我国载人航天工程发展战略分三步：

第一步

发射载人飞船，建立初步配套的试验性载人飞船工程，开展空间应用实验工作。

2003 年 10 月 16 日，中国第一位航天员杨利伟安全返回，这标志着中国载人航天工程的第一步任务圆满完成。这是中国航天事业的重要里程碑，也是我们国家科技发展的巨大成就。

第二步

突破航天员出舱活动技术、空间飞行器的交会对接技术，发射空间实验室，解决有一定规模的、短期有人照料的空间应用问题。

2016 年 9 月 15 日，天宫二号太空实验室飞上了天空。天宫二号里面可以做各种有趣的实验，就像我们在地面的实验室一样。经过一段时间的飞行，在 2016 年 10 月 19 日那天，天宫二号成功地和神舟十一号载人飞船在太空中“手拉手”，完成了交会对接。

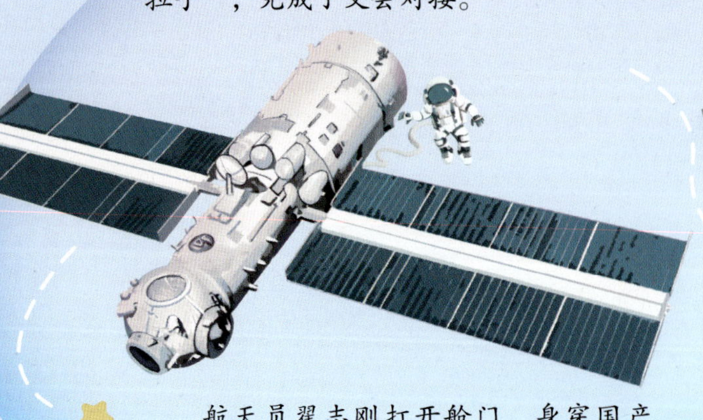

航天员翟志刚打开舱门，身穿国产舱外航天服进行中国首次空间出舱活动。

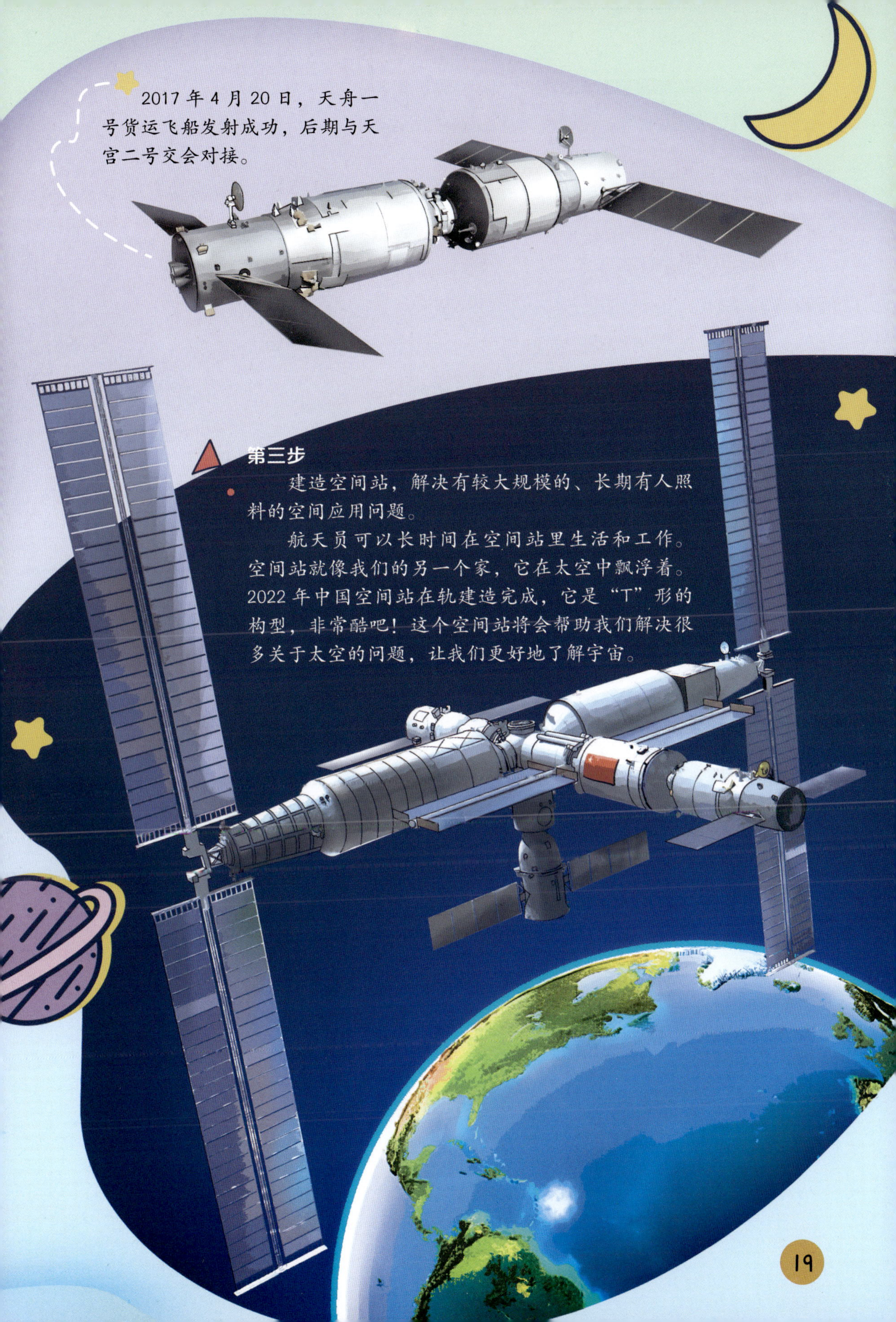

2017 年 4 月 20 日，天舟一号货运飞船发射成功，后期与天宫二号交会对接。

第三步

建造空间站，解决有较大规模的、长期有人照料的空间应用问题。

航天员可以长时间在空间站里生活和工作。空间站就像我们的另一个家，它在太空中飘浮着。2022 年中国空间站在轨建造完成，它是“T”形的构型，非常酷吧！这个空间站将会帮助我们解决很多关于太空的问题，让我们更好地了解宇宙。

太空样板间——天宫一号

要在太空建造一个家，需要用到一种关键技术，叫作空间交会对接。

空间交会对接技术可以把两个航天器在空间轨道上连成一个整体，好像拼积木一样。这样，太空家园就可以一点一点地变大了！中国发射的首个目标飞行器天宫一号就像一个样板间。

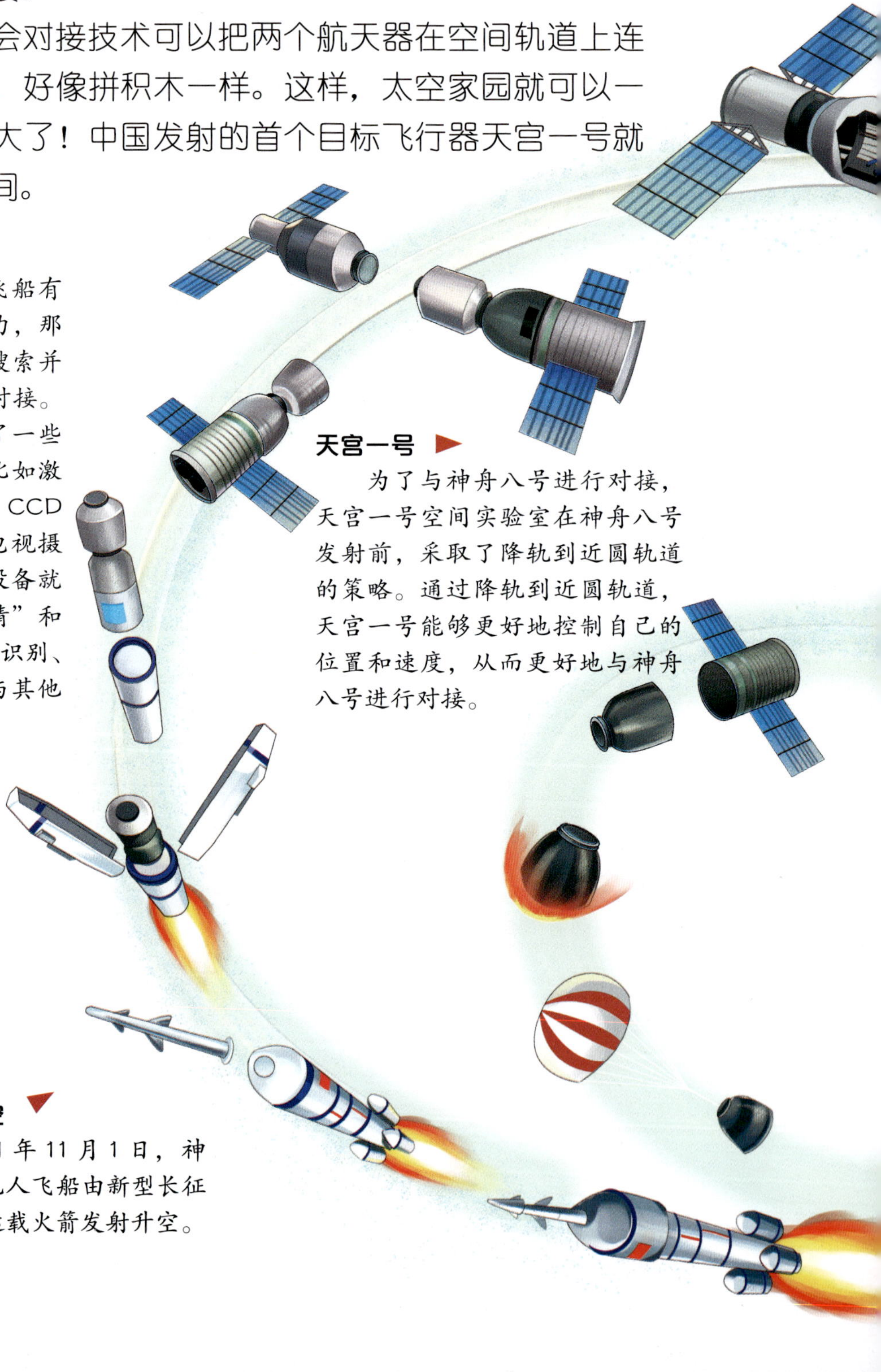

神舟八号

神舟八号飞船有一种特殊的能力，那就是能够主动搜索并和其他飞行器对接。神舟八号安装了一些特别的设备，比如激光和微波雷达、CCD成像敏感器、电视摄像机等。这些设备就像飞船的“眼睛”和“耳朵”，帮助它识别、跟踪并精确地与其他航天器对接。

天宫一号

为了与神舟八号进行对接，天宫一号空间实验室在神舟八号发射前，采取了降轨到近圆轨道的策略。通过降轨到近圆轨道，天宫一号能够更好地控制自己的位置和速度，从而更好地与神舟八号进行对接。

发射升空

2011 年 11 月 1 日，神舟八号无人飞船由新型长征二号 F 运载火箭发射升空。

交会对接

交会指的是控制两个航天器，让它们进入同一轨道，而对接则是需要让两个航天器靠近，并最终连接成一个整体。神舟八号飞船在发射2天后实现了与天宫一号的交会对接，对接后形成0.8米长的人员转移通道，就像一个“太空走廊”，连接着两个巨大的航天器，这个通道可以让宇航员从一个航天器安全地移动到另一个航天器，进行科学实验和工作。

返回地面

神舟八号与天宫一号对接后的组合体飞行12天之后进行解锁分离，再做第二次交会对接试验，然后飞船成功分离，返回舱返回地面。

天宫一号2011年9月29日发射升空后，完成了与神舟八号无人飞船、神舟九号和神舟十号载人飞船的交会对接。2018年4月2日，天宫一号完成使命后进入大气层烧毁了。

太空经济适用房——天宫二号

继天宫一号后，我国又发射了天宫二号空间实验室，继续探索在太空安家的技术。这是我国首个具备补加功能的载人航天科学实验空间实验室。

扶手

舱壁的扶手（手脚限制器）材质加硬，方便舱内借力活动。

天宫二号舱室

天宫二号主要由资源舱和实验舱2个部分组成，全长10.4米，船体最大直径3.35米，太阳翼展宽约18.4米。

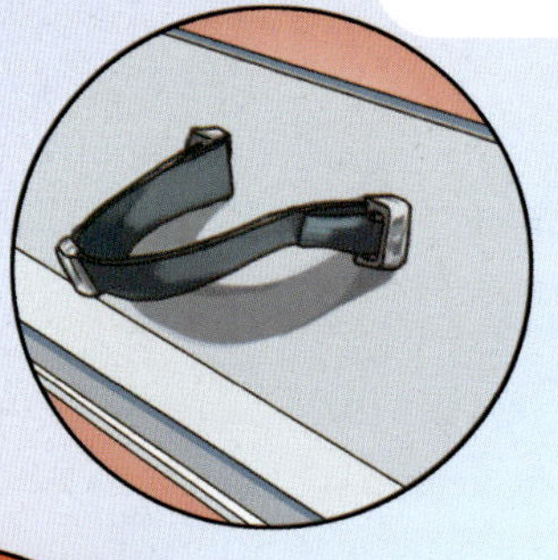

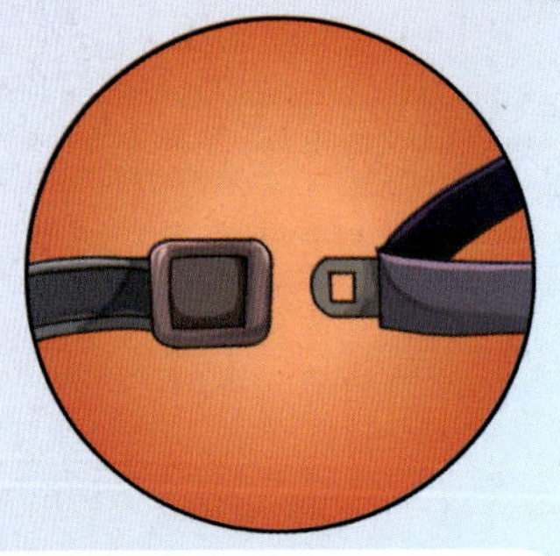

腰部扎带

舱壁有固定航天员腰部的扎带，扎带两头设固定环，有助于航天员解放四肢，进而通过骑自行车等方式锻炼身体。

地面

白色灰点地板取代地毯，加强地面受力。

太空工作

在太空中，航天员的生活和工作环境与地球上完全不同。首先，太空舱的空间非常狭小，航天员需要在这个小小的空间里借助自动化设备来辅助他们完成在轨维修等工作。其次，太空中没有地球上的重力，航天员处于微重力状态。这种环境对航天员的身体和心理都是一种挑战。

环境控制与生命保障系统

满足 30 天保障需求。

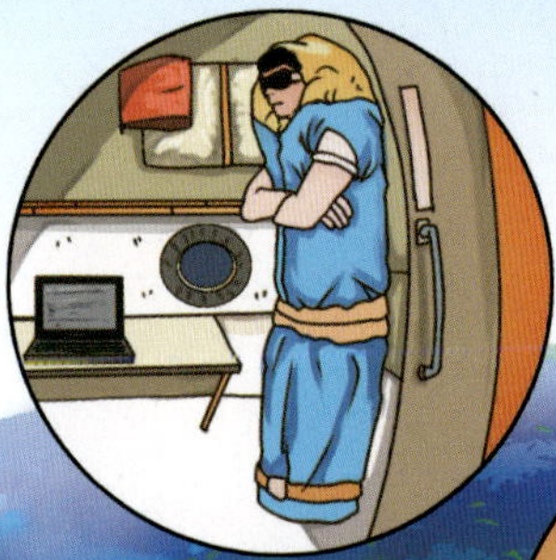

功能分区

分为睡眠区和工作区。

蓝牙音箱

可娱乐，亦可应急。

无线头戴耳机

实现天地无线通话。

多功能平台

可吃饭、看书、工作。

太空别墅——中国空间站

中国空间站可以说是一个比较稳定的“家”了，可以初步实现长期有人驻留在太空的梦想。如果把神舟飞船比作一辆房车，那么天宫实验室就是一室一厅的经济适用房，空间站三舱两船的配置也算是豪宅了。三舱是指天和核心舱、问天实验舱和梦天实验舱三个舱段，两船是指“神舟”载人飞船和天舟货运飞船，整体构型就像一个“T”。

卡门线

高空距地面100千米处被定义为“卡门”线，100千米高度以下为大气层，上面为外太空。

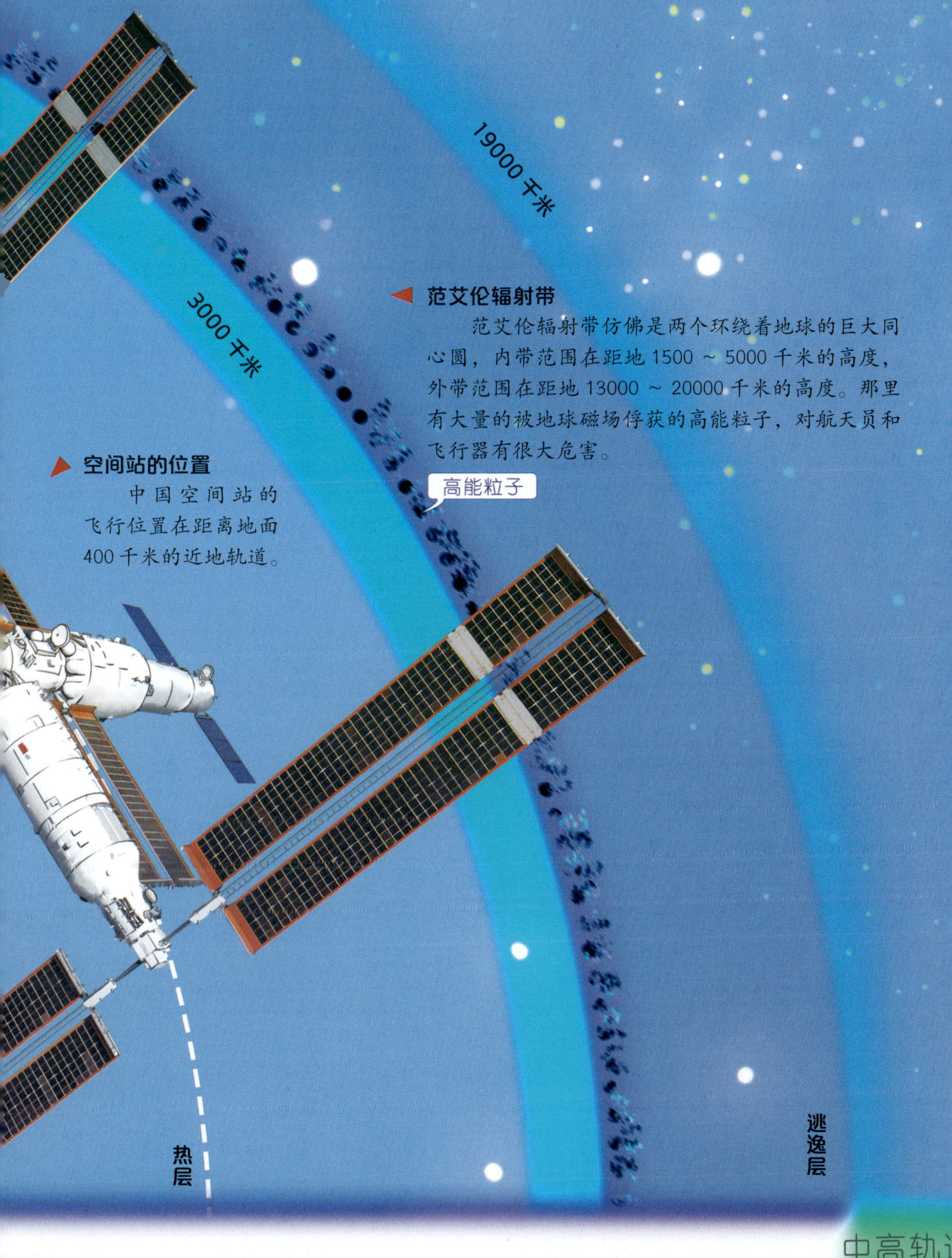

范艾伦辐射带

范艾伦辐射带仿佛是两个环绕着地球的巨大同心圆，内带范围在距地 1500 ~ 5000 千米的高度，外带范围在距地 13000 ~ 20000 千米的高度。那里有大量的被地球磁场俘获的高能粒子，对航天员和飞行器有很大危害。

空间站的位置

中国空间站的飞行位置在距离地面 400 千米的近地轨道。

天和核心舱

天和核心舱是中国空间站的主控舱段，就像是空间站的“智慧大脑”和中枢，对整个空间站的飞行姿态、动力和载人环境进行控制。

天和核心舱像是大树的树干，头部的节点舱上有四个对接口，其他舱段和飞船就像树枝一样对接到它“身上”。

庞大的身躯

天和核心舱外形为一个圆柱体，全长 16.6 米，比五层楼还要高，大柱段直径 4.2 米，小柱段直径 2.8 米，比火车车厢还要宽，重量是 22.5 吨，相当于三辆大客车的重量。

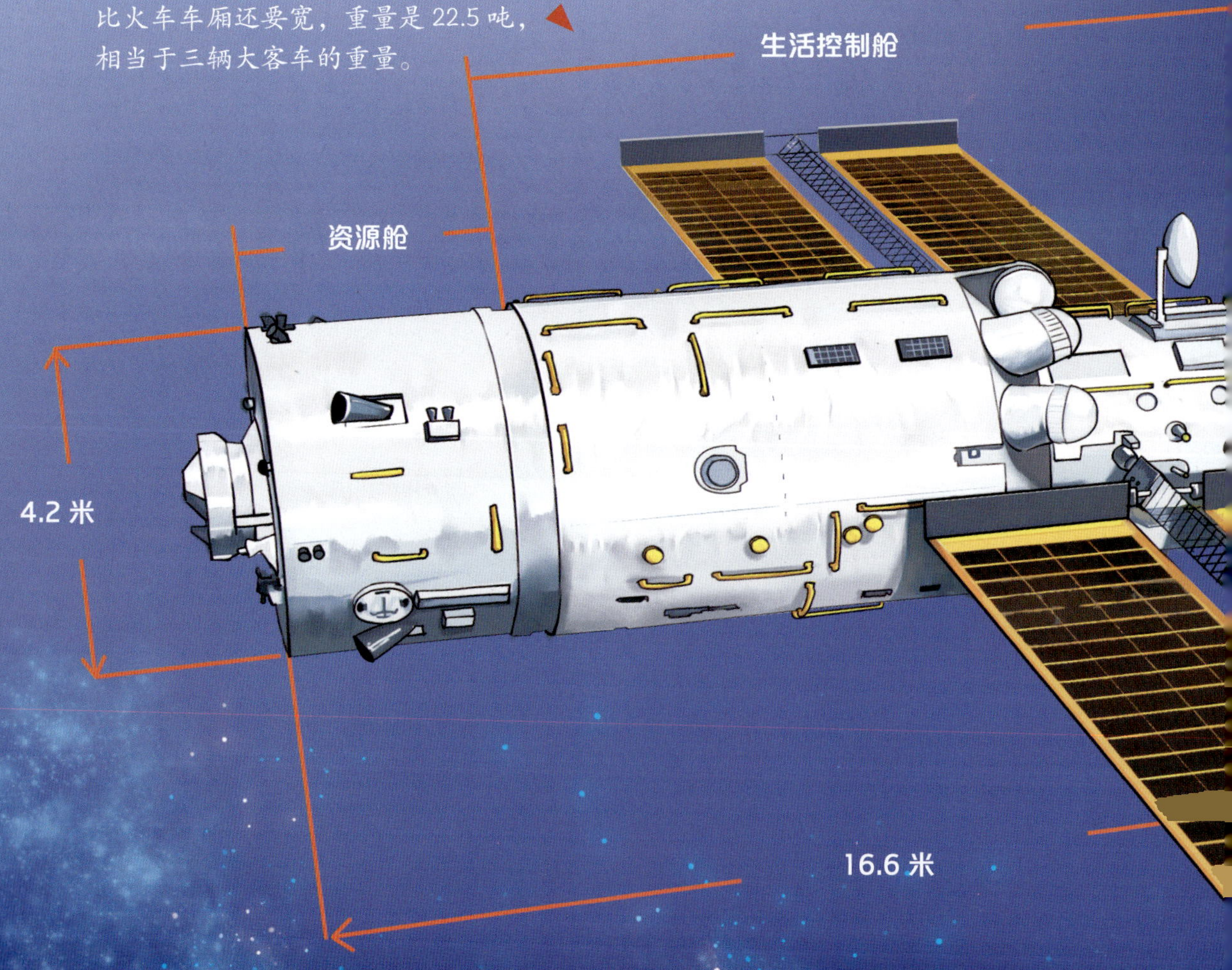

生活控制舱

资源舱

4.2 米

16.6 米

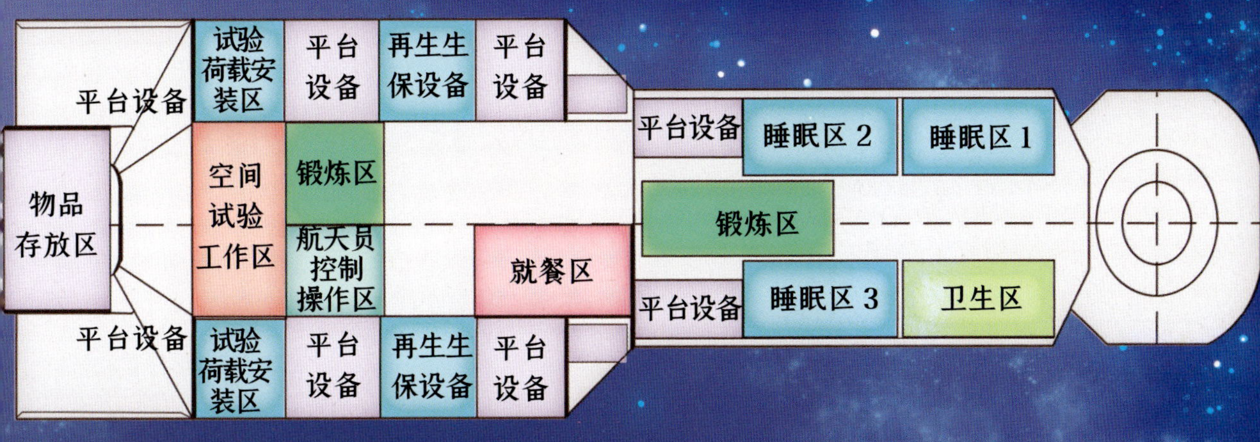

功能齐全的内部空间

天和核心舱内配置了工作区、睡眠区、卫生区、就餐区、医监医保区和锻炼区六个区域。核心舱不仅能够保证每名航天员都有的独立的睡眠环境和专用卫生间，还配置了微波炉、冰箱、饮水机、折叠桌等生活用品，以及太空跑台、太空动感单车、抗阻拉力器等健身器材，以满足航天员日常生活和锻炼需求。

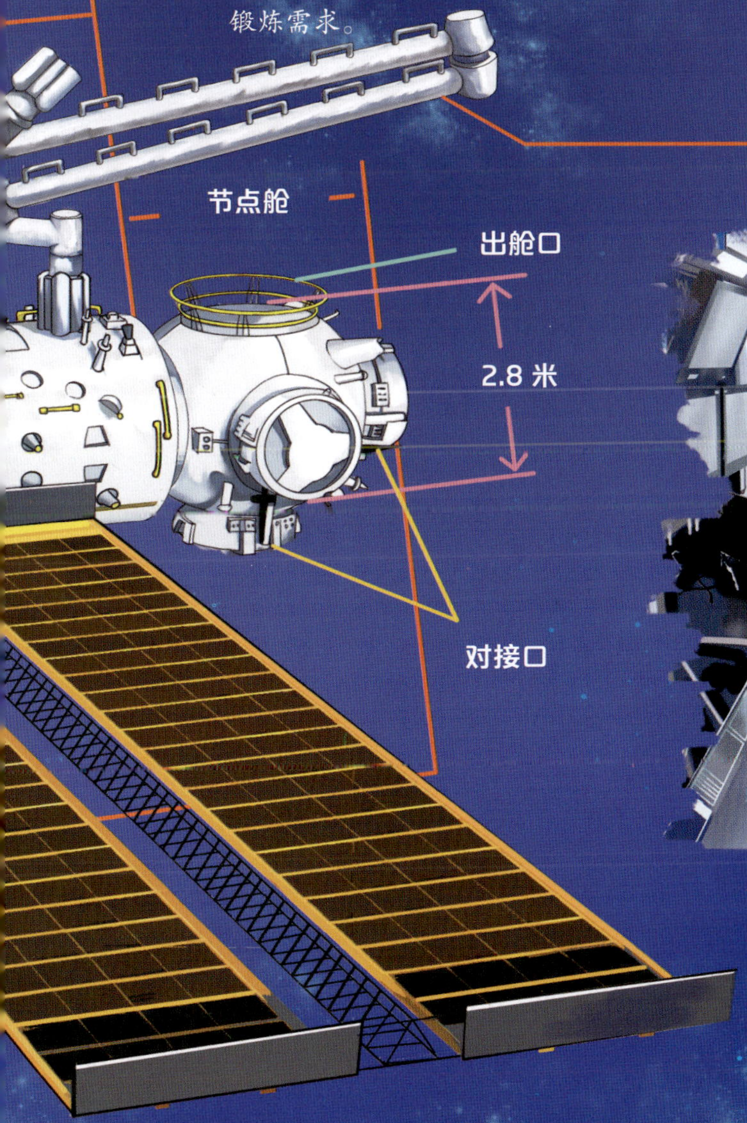

空间站机械臂

节点舱

出舱口

2.8 米

对接口

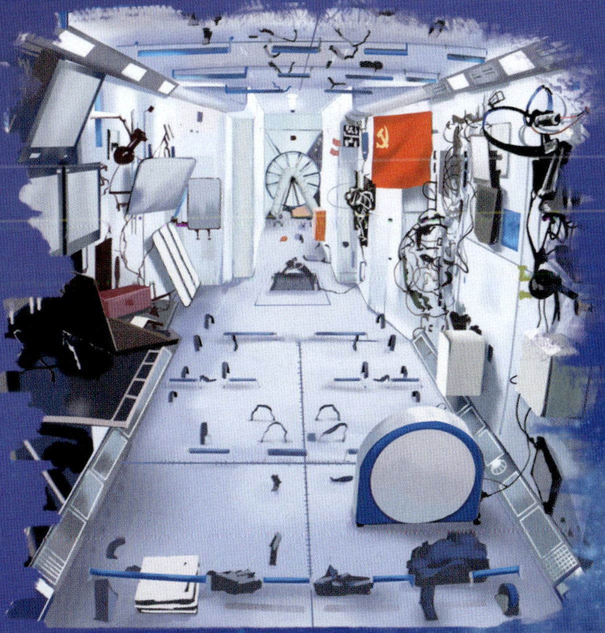

高冷的问天实验舱

空间站除了主舱外，还有两个大型的实验舱，其中先送上天的是问天实验舱。

问天实验舱舱体轴向长度为 17.9 米，竖起来相当于 6 层楼高，舱体最大直径 4.2 米。

航天员会在空间站里做很多有趣的科学实验，这些实验可以让我们更好地了解宇宙及生物起源。

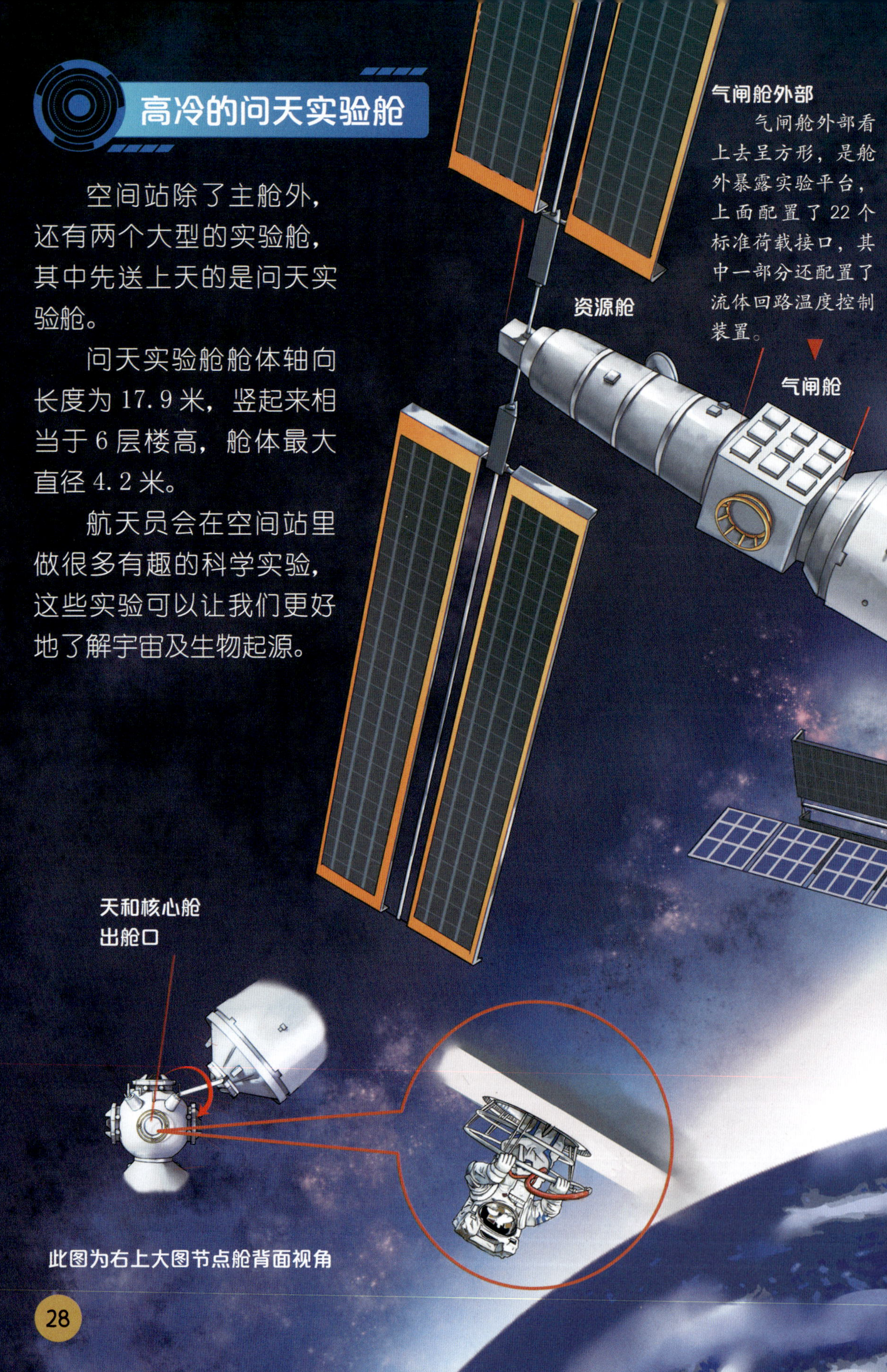

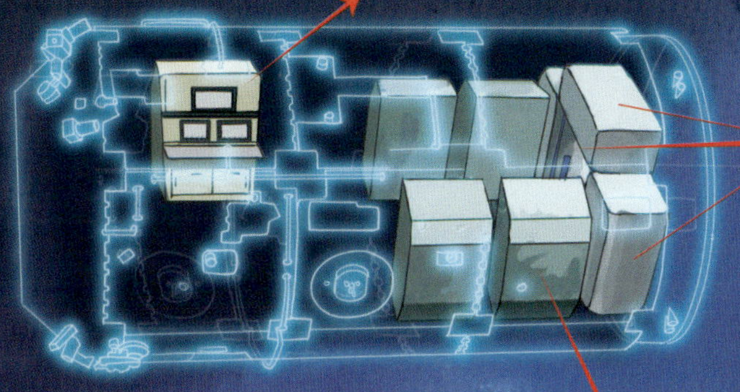

自由的空间

问天实验舱包括工作舱、气闸舱、资源舱及舱外实验平台。工作舱是密封舱，是标准的三室一厅一卫，三个睡眠区，一个卫生区，航天员活动空间达到 39 立方米，相当于地面 20 平方米的房屋面积。

工作舱

天和核心舱出舱口

问天实验舱如果直接与空间站组合体进行侧向对接，会因为质心偏差对空间站姿态造成较大的影响，甚至会出现滚转失控的风险。

就像是我们用手推一根木棍的底部，如果沿着它的方向直推过去的话，木棍会径直向前走；如果从侧面撞过去，木棍则会发生较大的偏转。

因此，两个实验舱先轴向对接于前向端口，再通过转位移至侧向停泊口。

问天实验舱转位

问天实验舱入轨不是一步到位的，它先与核心舱节点舱的前向端口对接，然后才转至核心舱节点舱的侧向端口并对接。

问天实验舱科学实验柜

空间站上的科学实验柜其实就像是一个迷你的“太空实验室”。它们是科学家们进行太空实验的重要工具。在问天实验舱中，部署了 4 台专门面向生命科学的科学实验柜。这些实验柜可以帮助科学家们研究在太空中生命是如何生存和繁衍的，以及生命在太空中的变化。通过这些实验，我们可以更好地了解太空环境对生命的影响，为未来的太空探索和人类在太空中的生活做好准备。

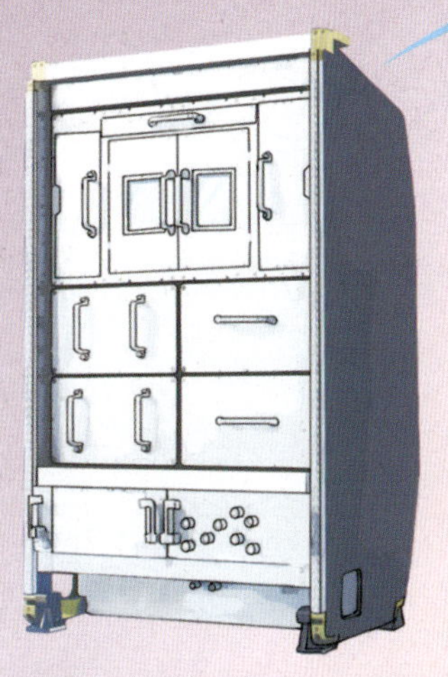

生命生态实验柜

生命生态实验柜如动植物的“太空旅馆”，由模块化的“小房间”组成，为动植物提供生长环境。其研究成果有助于未来月球或火星的长期居住。实验柜内的五个小抽屉可营造完整的生物培养环境，实现快速入住。在微重力环境下，可观察植物从种子到结籽的全过程，并与地面同步实验比对。尽管光照、湿度、温度条件一致，但太空中的微重力和辐射因素会导致植物的生长周期和结籽与地面有差异。

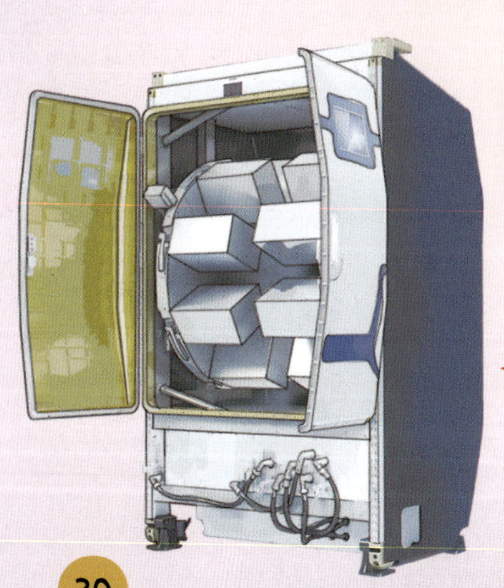

地球

月球

火星

变重力科学实验柜

变重力科学实验柜可以模拟 0—2 倍重力环境下常规的沸腾实验。由于地球、月球、火星三者重力加速度不同，地球上重 1kg 的物体，在月球上重约 0.17kg，在火星上重约 0.38kg。

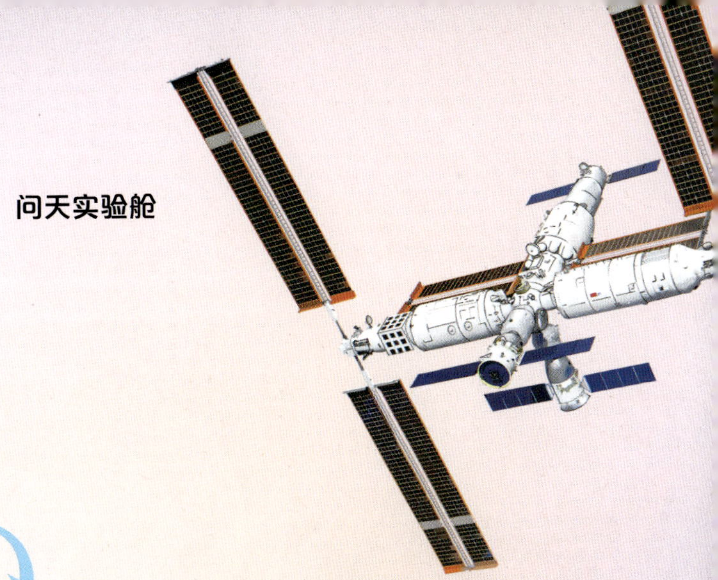

问天实验舱

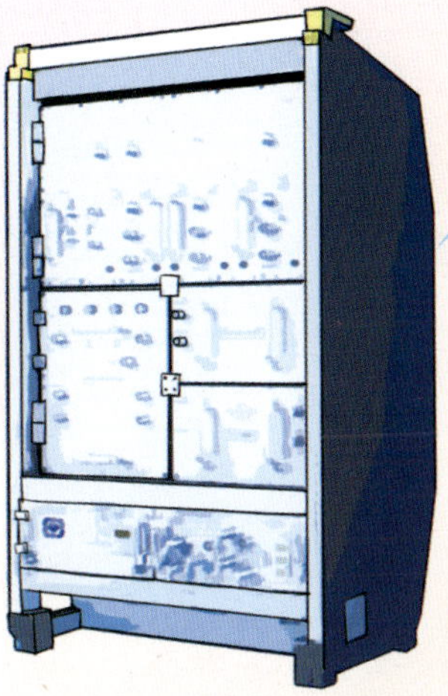

生物技术实验柜 ▲

生物技术实验柜模拟太空生物实验室，培养细胞、组织、蛋白质等生物样品。在天上的小型受控生态系统中，构建藻类、水草和鱼的水生生态系统，形成生产者、消费者、氧气供应和二氧化碳循环的完整生态链。此外，鱼儿失重游姿奇特，增添太空育鱼乐趣。

科学手套箱与低温存储柜

手套箱就像一个封闭的实验室，航天员利用一台灵巧机械臂和一套显微操作系统，就可以给细胞做手术穿刺。手套箱下面的低温存储柜就像一个太空冰箱，提供了 −80℃、−20℃、4℃三种温度环境。

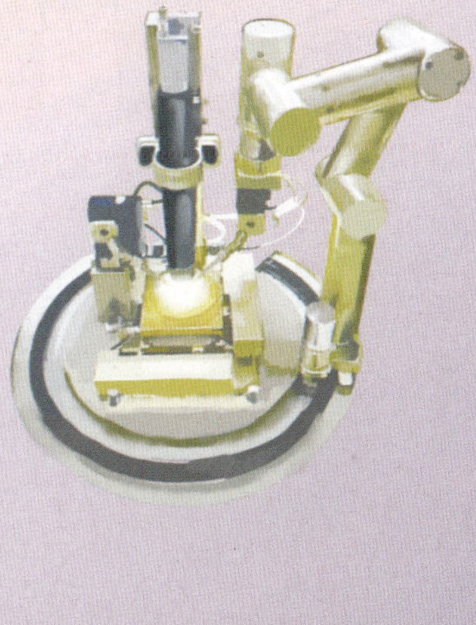

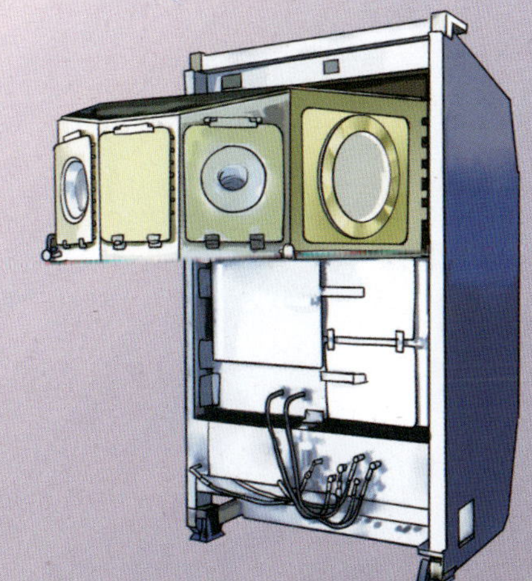

酷炫的梦天实验舱

梦天和问天两个实验舱就像是一对双胞胎，长得非常像。梦天实验舱的长度达到了 17.9 米，直径是 4.2 米，重达 23 吨！梦天实验舱的前端是工作舱。通过一个特殊的装置，它可以与问天实验舱连接在一起。这样，两个实验舱就可以一起工作了。

梦天实验舱还有一个特别的设计，那就是气闸舱。你知道航天员是怎么在太空中行走的吗？这就需要用到气闸舱了。这个气闸舱就像一个“套娃”，外面还有一个更大的载荷舱，可以让航天员在这里进行各种科学实验。

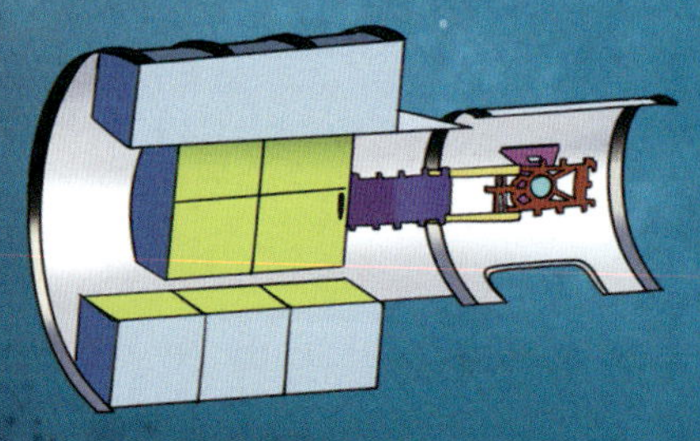

最智能的“带货出舱”

气闸舱有个全自动的弧形滑移大门，宽宽的，有 1.2 米。货物坐上“小火车”，通过载荷转移机构，稳稳地运送到舱外，被机械臂抓取放到该放的地方。这种像“自动晾衣架”一样的运货方式，比航天员自己带货出舱要安全、快捷多了。

太空“打弹弓”

航天员在舱内轻松地将飞行器装入释放机构，通过气闸舱将其运至舱外，舱外机械臂将其精准抓取并转移至发射点。释放机构如同精准的弹弓，将飞行器弹射入太空，让它们在这无垠星海中，开始太空之旅。

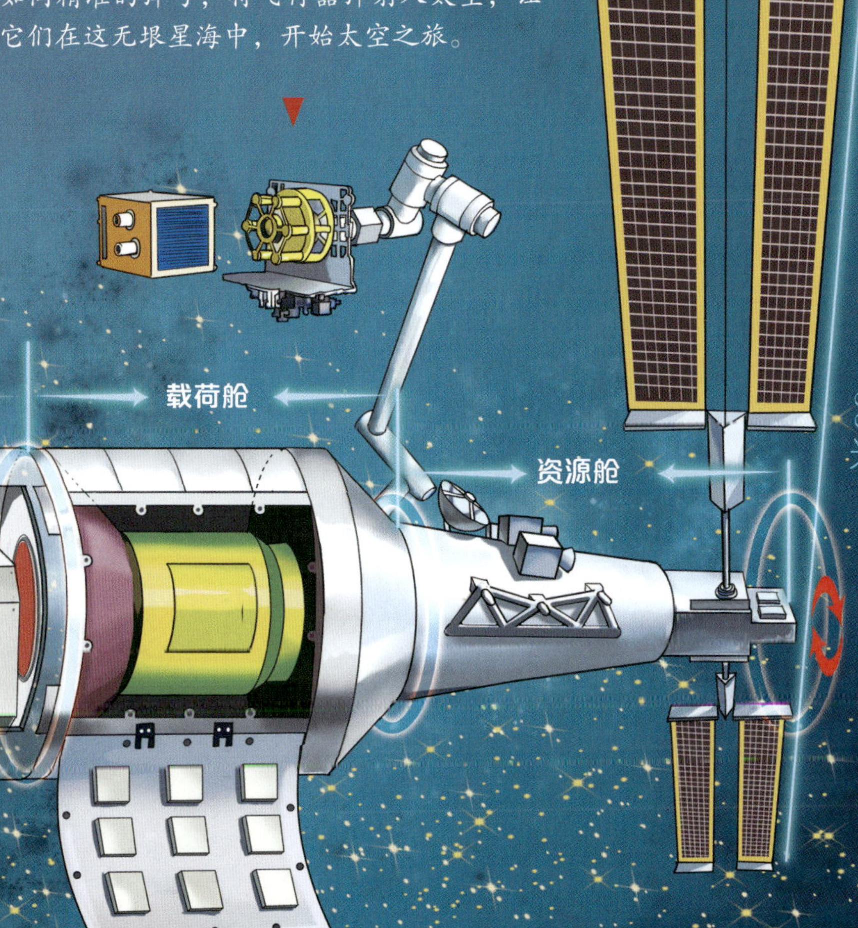

巨型“翅膀”太阳翼

梦天实验舱拥有一对巨型“翅膀”柔性太阳翼。太阳翼采用世界首创的“二次展开”技术，整个展开过程持续80分钟。问天和梦天两个实验舱的四副太阳翼为中国空间站提供强大的能量，日发电量可达1000度，相当于普通家庭半年的用电量，真正实现“超长待机，用电无忧”。

追着太阳转动

我国空间站每天绕地球旋转约16圈，为了充分获取太阳能，太阳翼时刻变换角度来正对着太阳。因为太阳翼上有对日定向装置，它既能让太阳翼大范围地转动，又能让太阳翼的帆板像向日葵一样不停地追着太阳转动。

最智能的“阳台”

梦天实验舱为舱外实验设备提供了展开式暴露实验平台，像家里的阳台，上面放有各种舱外实验设备。

梦天实验舱科学实验柜

梦天实验舱里有很多实验柜。在超冷原子物理实验柜里，有比冰块还冷很多倍的原子在表演奇妙变化；在高精度时频实验柜里，有非常厉害的超级时钟，能测量时间微小的变化；在高温材料科学实验柜里，能观察物质在地球几乎不可能达到的高温环境下变成什么样子。除了这些，梦天实验舱里还有两相系统、液体物理、燃烧科学和在线维修装调等好多实验柜，每个实验柜都能帮助人类了解和探索这个广阔无垠的宇宙。

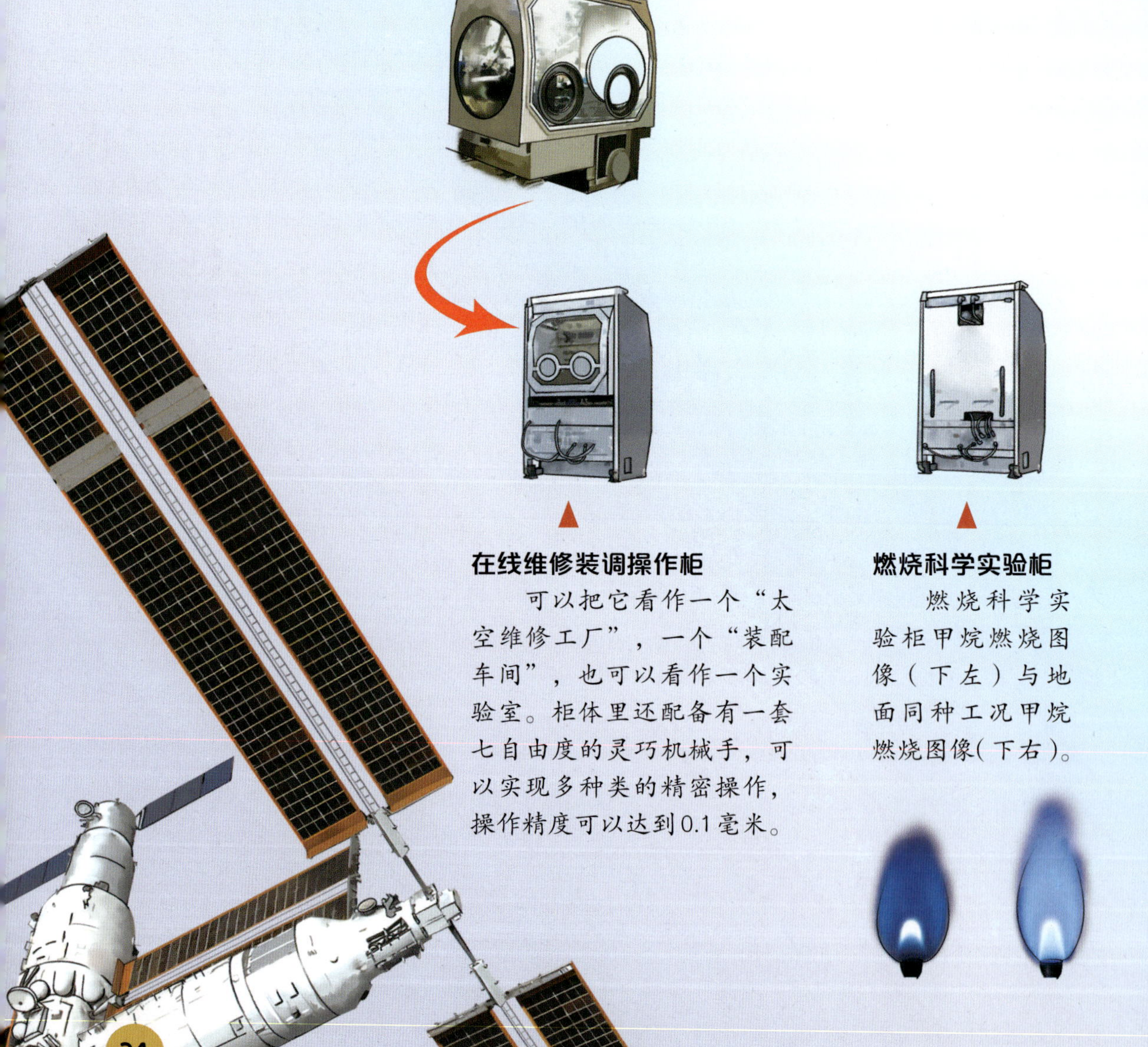

在线维修装调操作柜

可以把它看作一个"太空维修工厂"，一个"装配车间"，也可以看作一个实验室。柜体里还配备有一套七自由度的灵巧机械手，可以实现多种类的精密操作，操作精度可以达到0.1毫米。

燃烧科学实验柜

燃烧科学实验柜甲烷燃烧图像（下左）与地面同种工况甲烷燃烧图像（下右）。

高温材料科学实验柜

高温材料科学实验柜可在微重力环境下进行材料科学研究，第一批在“炼丹炉”里进行了高温考验的材料已经被航天员带回了地球，这种材料可以制作新型的晶体软电子器件，推动我国半导体的升级换代。

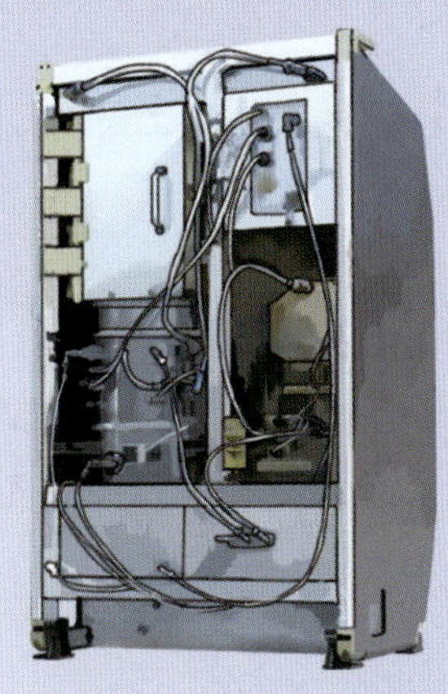

超冷原子物理实验柜

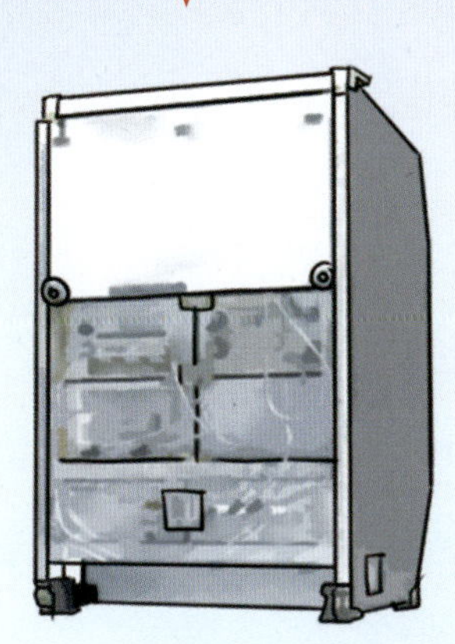

两相系统实验柜

流体物理实验柜

流体物理实验柜能研究在太空微重力环境中流体的运动规律。

冷原子钟

它是一种非常特别而又超级精准的计时器，是永远不会走错一秒的表，精度高到几乎感觉不到时间的微小误差。冷原子钟还非常稳定，发出的时间信号可以“穿越”很远的距离，不会受到干扰。冷原子钟在很多领域都大显身手，在卫星导航方面，冷原子钟能帮助我们的手机或车载导航更加准确地找到方向；在通信方面，它能让我们的电话和视频通话更加流畅。

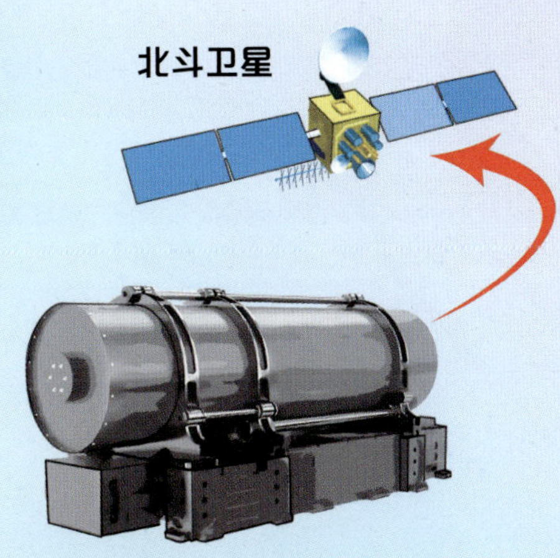

太空家用货车

家里缺水缺粮怎么办？别着急，有太空快递小哥来帮忙。

“叮咚，您的快递到了！”天舟往返于太空和地面，把空间站内航天员所用的物资源源不断地从地面运送过来，堪称往返天地的快递员。天舟系列货运飞船采用两舱构型，包括货物舱和推进舱。

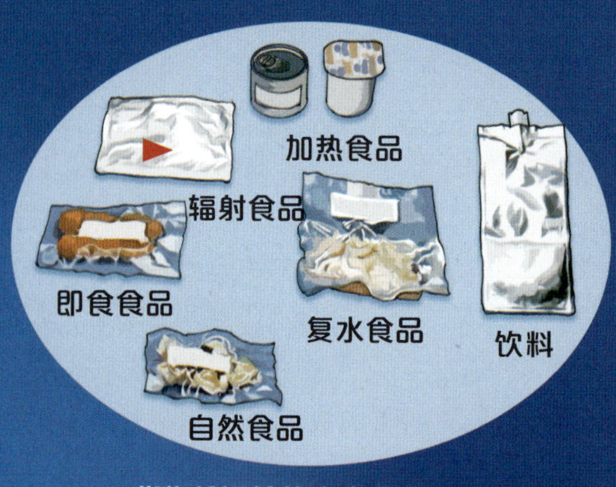

货物舱运输的太空食品

推进器

物资补给站

天舟系列货运飞船为空间站送去维修设备、科研用品和航天员的生活必需品，确保他们能在太空长期工作和生活。

量子秘钥分配

伽马暴偏振探测仪

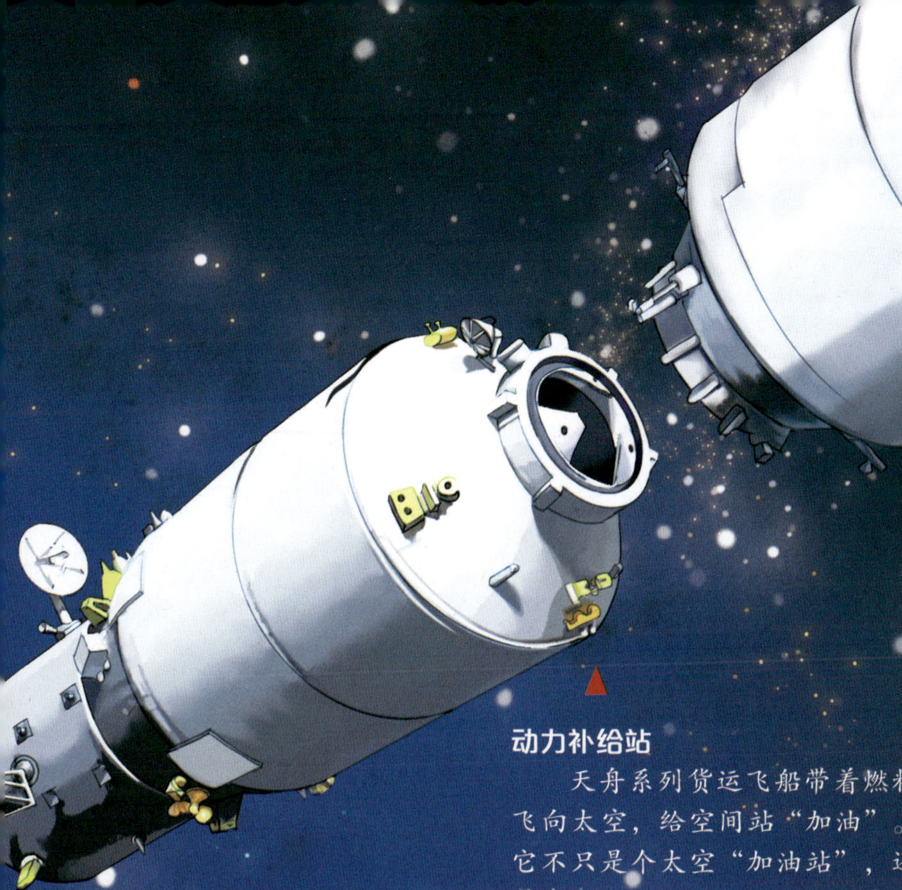

动力补给站

天舟系列货运飞船带着燃料飞向太空，给空间站“加油”。它不只是个太空“加油站”，还是个大大的发动机。它能用自己的动力调整空间站的轨道和姿势，帮空间站节省燃料。

返回时携带的太空垃圾

垃圾回收

航天员的生活垃圾经压缩、抽气、灭菌和防腐后，变为废弃物货包，装进货船。天舟货运飞船带着它们重返大气层，这些垃圾大部分在燃烧中消失，剩下的安全降落在南太平洋指定区域。

天地间的交通工具——长征系列火箭

乘坐汽车、地铁或飞机是我们在地球上的常见交通方式，但要想到达太空，就需要一个特别的“交通工具”——火箭。火箭是专门用来运送航天器和航天员的。中国的长征五号 B 运载火箭是用来运送天和核心舱、问天实验舱和梦天实验舱的。天舟货运飞船则使用长征七号运载火箭。还有神舟载人飞船则使用长征二号 F 运载火箭。这些火箭都非常重要，没有它们，我们就无法将航天器和航天员送入太空。

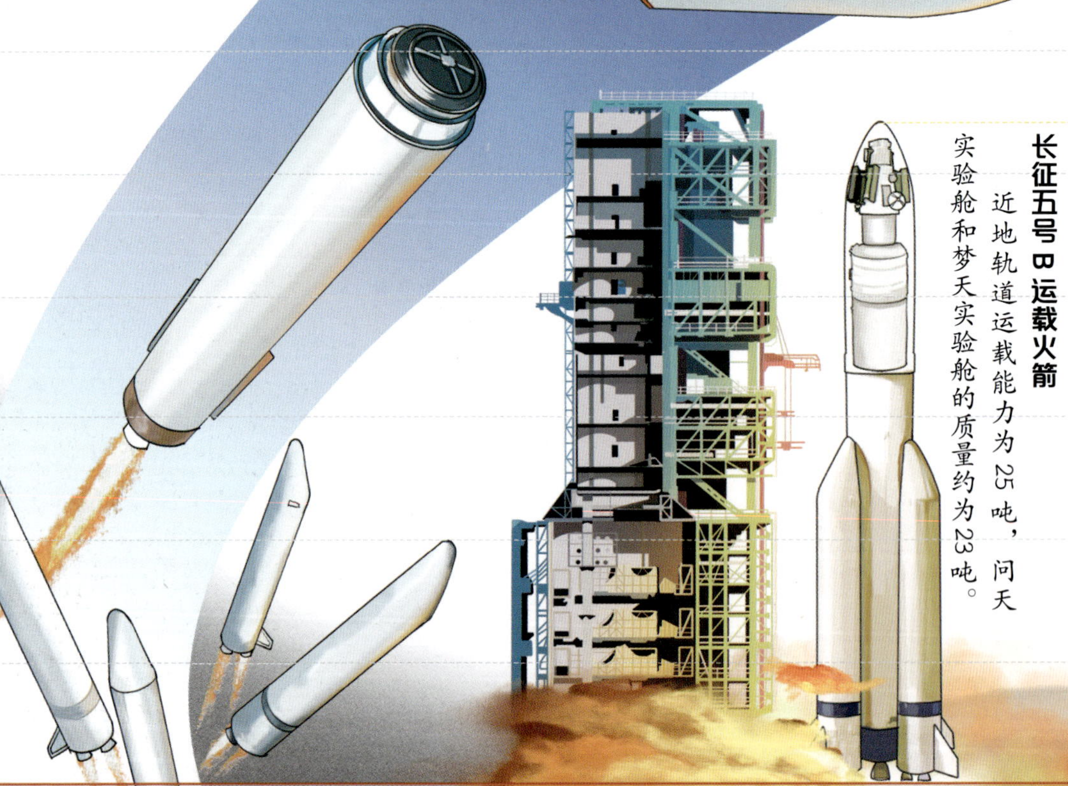

长征五号 B 运载火箭

近地轨道运载能力为 25 吨，问天实验舱和梦天实验舱的质量约为 23 吨。

选择火箭类型最主要的考量因素就是“乘客”——航天器的重量。对于火箭来说，运载能力越大就可以运输更大的航天器进入太空，或可以将航天器送入更遥远的太空，但是运载能力越大的火箭造价也越高，所以如果用运载能力太大的火箭发射一个质量较小的航天器，显然会“大材小用”。

长征七号运载火箭

近地轨道运载能力为13.5吨，天舟货运飞船的质量也是13.5吨。

长征二号F运载火箭

近地轨道运载能力约为8.6吨，神舟载人飞船的起飞质量约为8吨。

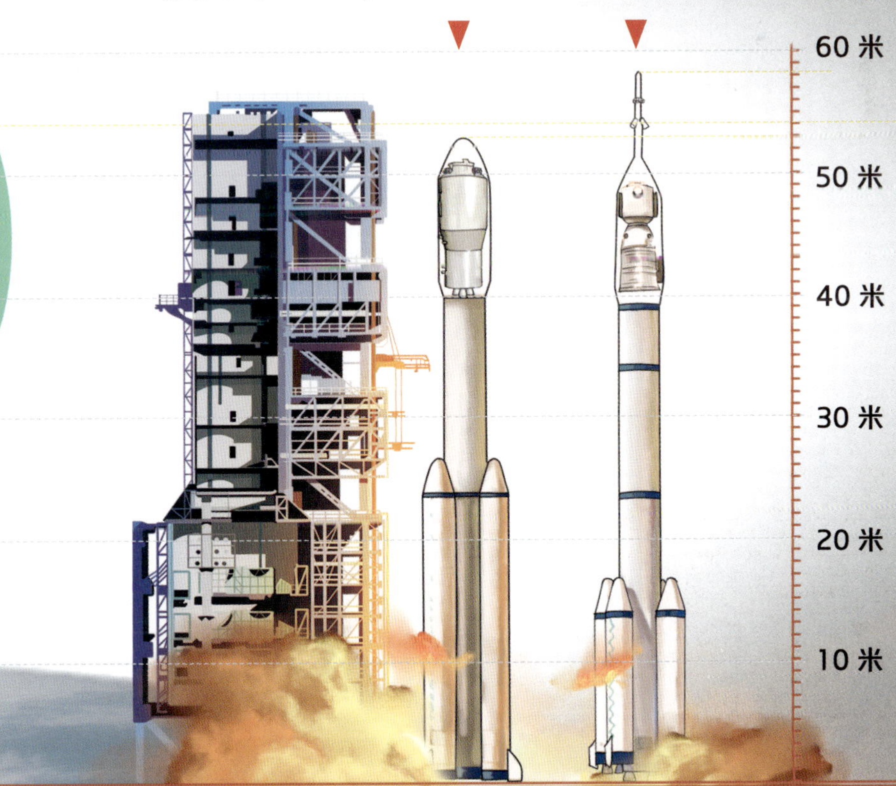

在寂静的夜空中，有一位勇敢的英雄从飞船中走出来。他正在执行一项非常重要的任务——进行第一次太空行走。这位英雄就是翟志刚，他是神舟七号飞行乘组的航天员。太空行走是一项非常危险和困难的任务，需要航天员具备丰富的知识和技能。

目前，中国空间站的航天员都穿着超酷的第二代航天服！这套航天服在太空中的使用寿命长达3年，能支持航天员出舱活动15次，每次都能持续8小时。未来的航天服还会更棒，它们会采用模块化、一体化防护和轻量化设计，让航天员在太空中活动更自如，更灵活！

头盔

面窗

照明灯

背包

电控台包括照明、数码管控、机械式压力表等9个开关

航天员穿的航天服里有一层特别的液冷服，上面有许多小孔，小孔连着导流管，能给航天员降温

气液组合插座，用轨道舱舱载气源为航天员供气

电脐带与轨道舱内部设备连接，既用于航天员的通信，又作为安全系绳的备份

手掌部分为灰色的橡胶颗粒

气液控制台，集成了供氧、液温调节的多个阀门

2根安全绳的挂钩与舱壁的扶手相连，内有弹簧，可承受1吨的力

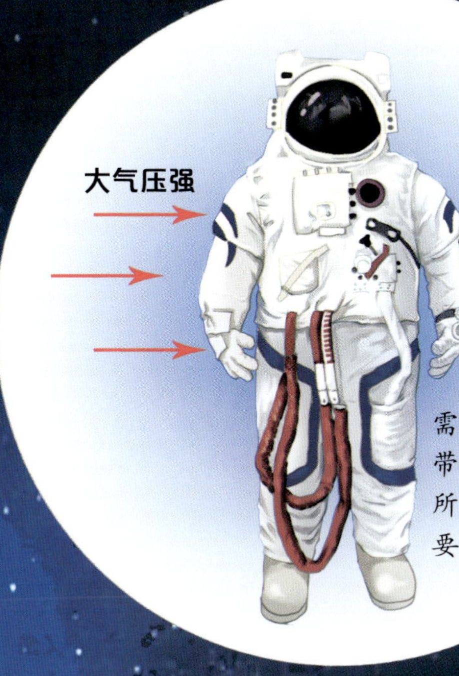

地球表面的大气压是 101 千帕，这个压强通常被称作“1 个大气压”，空间站跟地面一样，也维持在 1 个大气压左右，这样航天员就能像在家里一样舒服。出舱探索宇宙前，可以借用气闸舱慢慢减压，让身穿舱外航天服的航天员逐渐适应真空环境。

舱外作业的航天员 ▲

航天器外面会有扶手，方便航天员进行舱外作业。

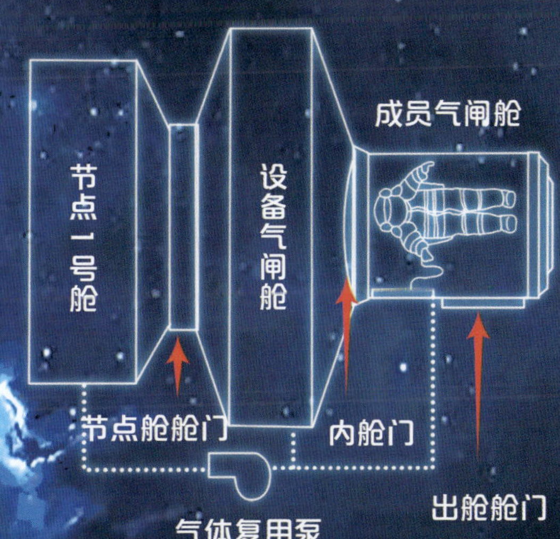

建设家园的好工具

在地面上建造房子需要用到很多大型的机器，比如吊车。那么，在太空中建造房子也需要一种特别的工具——机械臂。

机械臂其实是一种智能机器人，它的智能程度非常高，可以说是空间智能制造系统中的一员。它可以协助航天员出舱行走，帮助他们搬运舱外货物，甚至还可以维修核心舱呢！

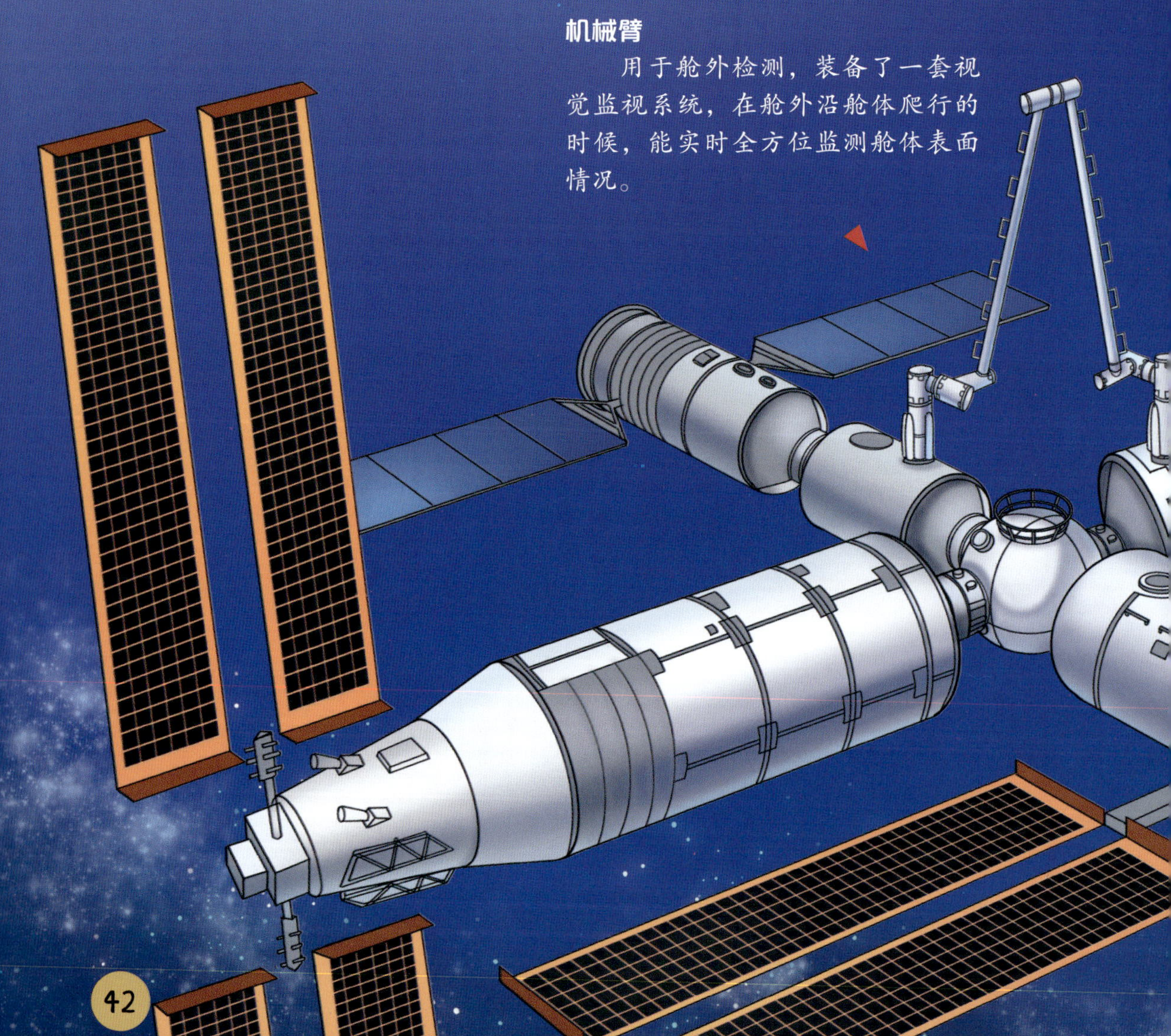

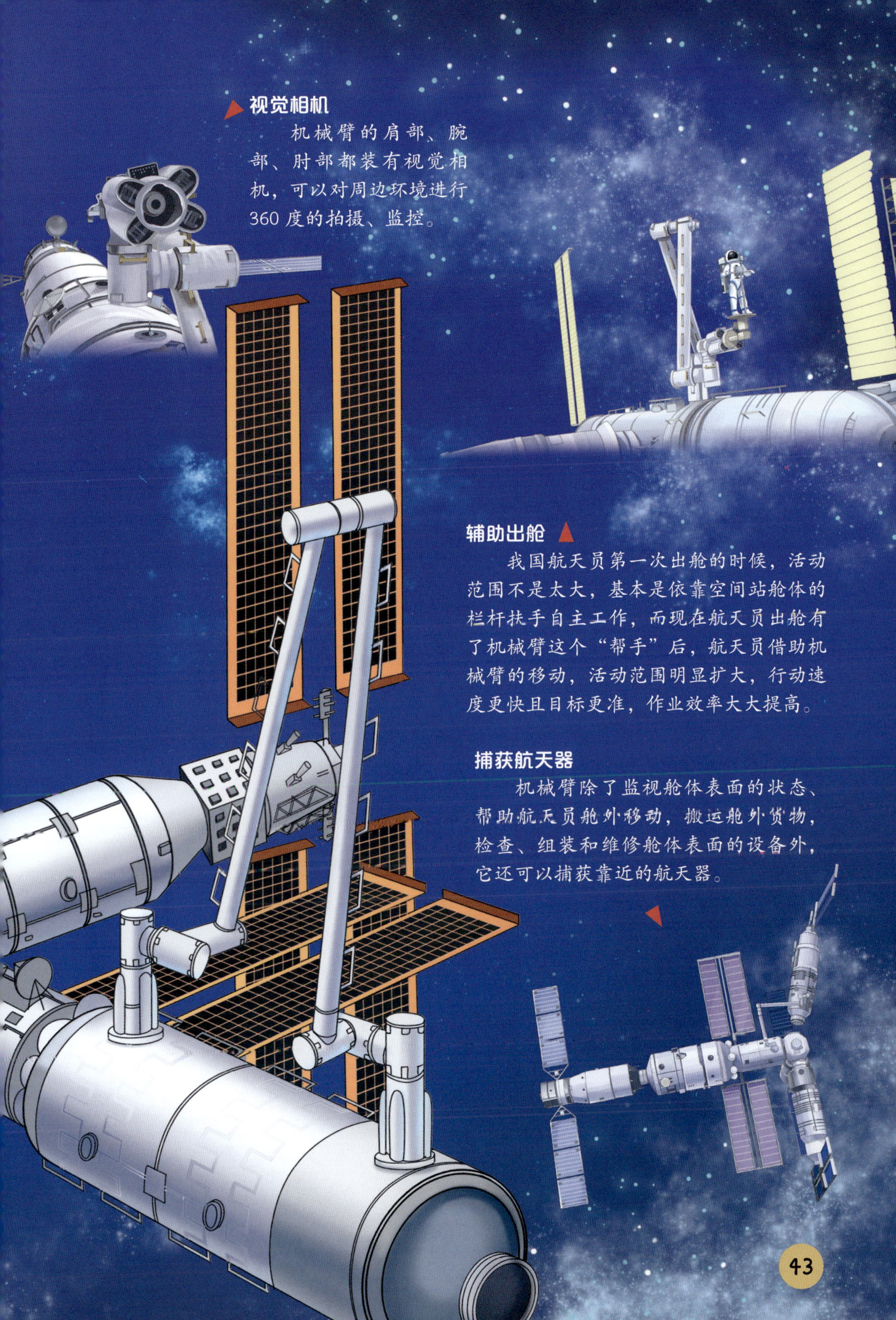

视觉相机

机械臂的肩部、腕部、肘部都装有视觉相机，可以对周边环境进行360度的拍摄、监控。

辅助出舱

我国航天员第一次出舱的时候，活动范围不是太大，基本是依靠空间站舱体的栏杆扶手自主工作，而现在航天员出舱有了机械臂这个“帮手”后，航天员借助机械臂的移动，活动范围明显扩大，行动速度更快且目标更准，作业效率大大提高。

捕获航天器

机械臂除了监视舱体表面的状态、帮助航天员舱外移动，搬运舱外货物，检查、组装和维修舱体表面的设备外，它还可以捕获靠近的航天器。

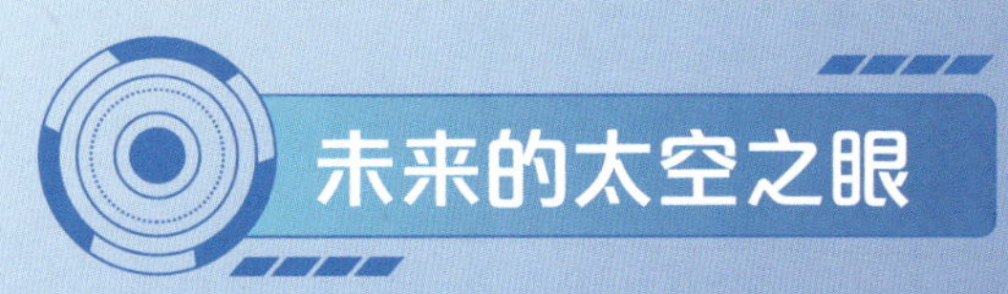

未来的太空之眼

在太空，需要一个特殊的望远镜来观察和追踪星星及宇宙中的其他物体。这个望远镜就是巡天号光学舱，它将被送到太空中。巡天号光学舱是中国第一个大口径、大视场空间天文望远镜，就像我们的眼睛一样，帮助我们更好地了解宇宙。它的口径很大，可以收集到更多的光线和信息，视角也很宽，可以看到更广阔的宇宙。通过巡天号光学舱，我们可以更深入地探索宇宙的奥秘，了解更多关于星星和宇宙的知识。所以，巡天号光学舱是我们的太空之眼，帮助我们更好地认识这个美丽的宇宙。

天地共巡

巡天号光学舱直径大约 2 米，可以观测比美国的“哈勃”太空望远镜远 300 多倍的空间。用于星系、恒星、行星、黑洞及类星体等形成及演化规律研究、暗物质暗能量研究等，帮助我们揭开更多的太空秘密。

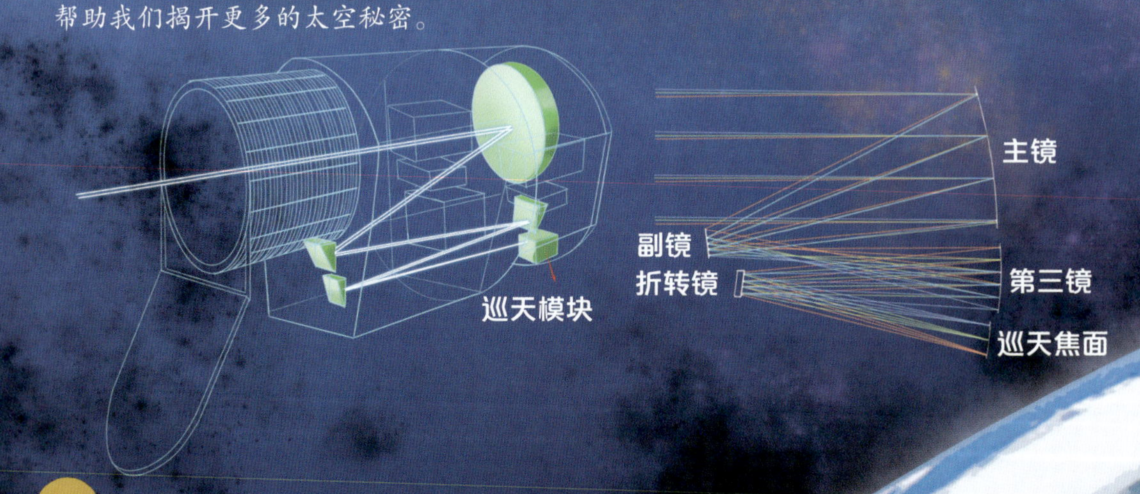

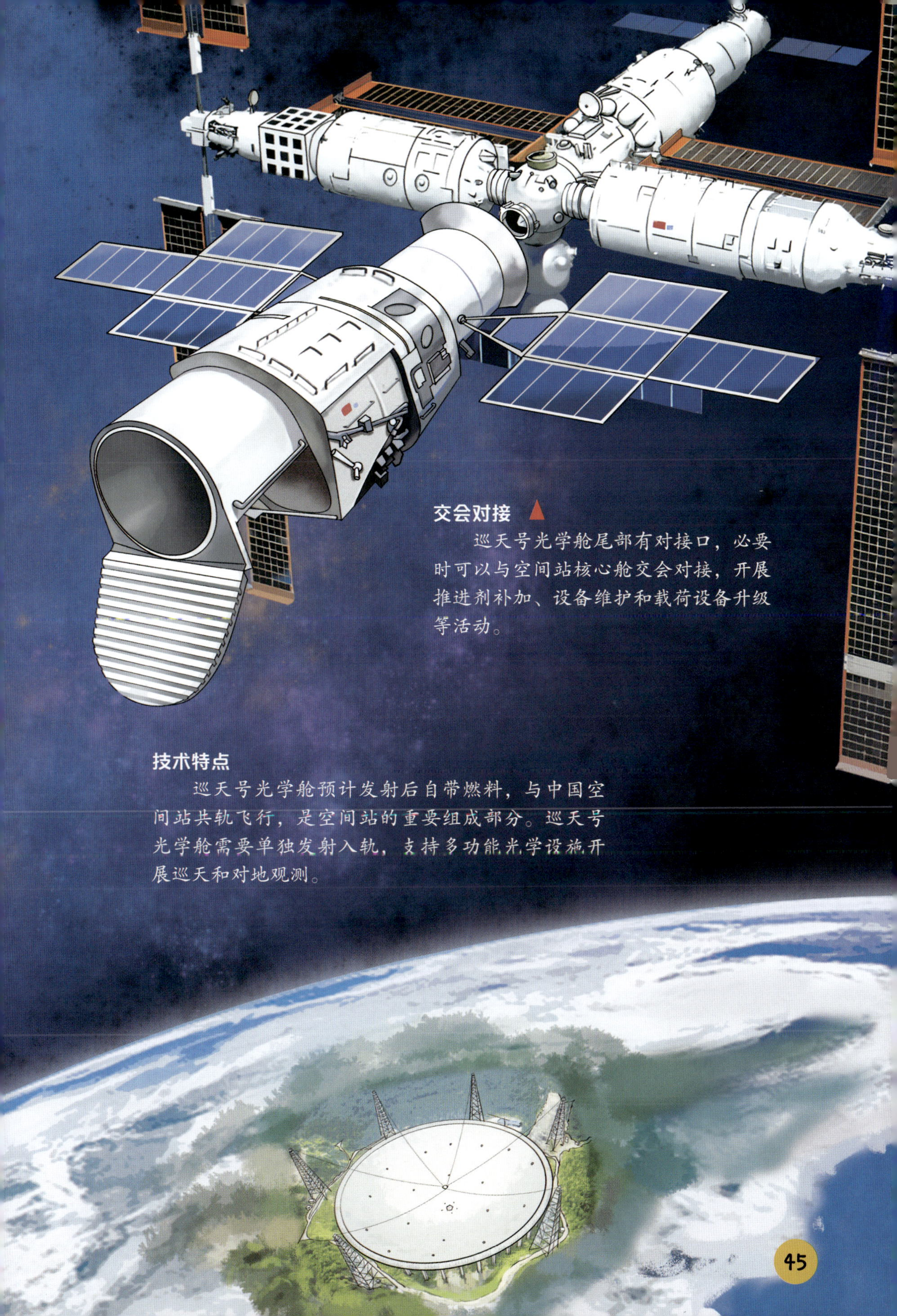

交会对接

巡天号光学舱尾部有对接口，必要时可以与空间站核心舱交会对接，开展推进剂补加、设备维护和载荷设备升级等活动。

技术特点

巡天号光学舱预计发射后自带燃料，与中国空间站共轨飞行，是空间站的重要组成部分。巡天号光学舱需要单独发射入轨，支持多功能光学设施开展巡天和对地观测。

宇宙级的中国浪漫

从“神舟”飞天、“祝融”探火到“夸父”逐日，从“嫦娥”奔月、“玉兔”飞天到“北斗”造福人类……中国航天的名字，都有专属于中国人的浪漫内涵。

“天宫”之家

中国空间站的名字——“天宫”来源于古老的神话，寄托了人们对天空的无限憧憬。“天宫”静静悬浮在太空，宛如一座宁静、和谐的天上宫殿。

“夸父”逐日

夸父是广为人知的中国神话人物。他因追逐落日倒下，寓意追逐光明，造福人类，所以，将太阳探测卫星命名为“夸父”是对这种精神的传承。这颗卫星将会开启中国综合性太阳观测的新时代，帮助我们更好地了解太阳的奥秘。

“神舟”飞天

“神舟”这个名字的含义是“神奇的天河之舟”，它与中国的别称“神州”谐音，同时还有神气、神采飞扬的意味。神舟飞船是中国自主研制的航天飞船，代表着中国航天科技的卓越成就。

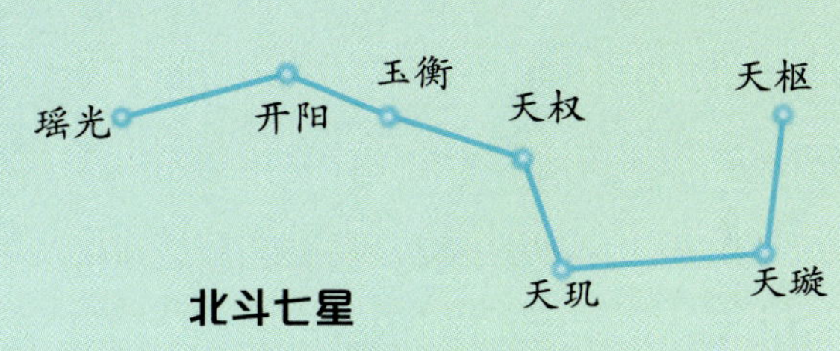

“北斗”闪耀

北斗七星是北半球星空中一个显著的星群，包含7颗星，像舀酒的斗形。沿着天璇和天枢的连接线可以找到明亮的北极星。北极星始终在正北方。中国古人很早就学会了依靠北斗来辨认方向，这个习惯一直延续至今。因此，中国的卫星导航系统命名为“北斗”，寓意这个系统就像北斗一样，为人们指引方向，带来光明。

“悟空”捉妖

我国的暗物质粒子探测卫星被命名为“悟空”，取自《西游记》，寓意像孙悟空用火眼金睛降妖除魔一样探测暗物质。暗物质是一种非常神秘的物质，我们很难直接观测到它，但是它却占据了宇宙中大部分的质量。因此，暗物质粒子探测卫星的探测器需要在太空中寻找暗物质的踪迹，以此来帮助我们更好地了解宇宙的奥秘。

“祝融”探火

在遥远的火星上，我们中国留下了一个特别的印记。你知道吗？我们中国的首辆火星车被命名为“祝融”，它在中国的传统文化中代表着火神。祝融火星车将帮助我们更好地了解火星。

“嫦娥”奔月

嫦娥奔月的神话引起人们无限遐想，广寒宫中寂寞的嫦娥仙子是几千年来人们心中抹不去的牵挂。如今“嫦娥号”月球探测器来到月球，让神话照进现实，实现了中国人的千载登月梦。

太空生活

空间站就像一个太空中的家，配备了必要的设施，让航天员能在太空中舒适地工作、生活。这些设施都是经过精心设计和测试的，以确保航天员在太空中的生活安全和舒适。因此，空间站是航天员在太空中的重要保障，也是人类探索太空的重要基础。

喝

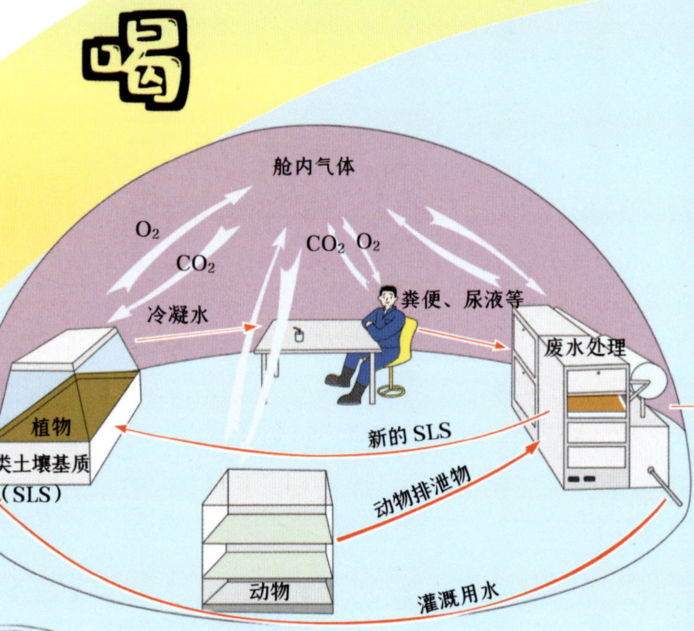

水循环系统 ▲

尿液和汗液在地球上基本被当作废物，但在太空中，这些都是宝贵的资源。科学家们会收集这些废水，然后通过一系列复杂的处理过程，把它们变成可以饮用的水。这个过程包括过滤和消毒，可以去除废水中的有害物质。而且，这些处理过的废水还有更多的用途呢！除了可以供宇航员饮用和清洁外，废水中的一些物质还可以被提取出来。比如，废水中的氮气可以被提取出来，用来保存食物和调节空气。甚至废水中的氢和氧也可以被提取出来，用在空间站的动力系统中。

吃

▶ **吃出花样**

在空间站中吃饭比在地球上麻烦多了，不仅要固定自身和食物，还要注意不能有碎屑飘在舱中。现在航天员的食品从简单的类似牙膏状的流食，变成品种多样的美味佳肴，有航天“招牌菜”鱼香肉丝、宫保鸡丁，还有黑椒牛柳、香辣羊肉、鲜花包等。

居

飞檐走壁的航天员

从进驻空间站开始，航天员就过上了“飞檐走壁”的生活。搞“装修”，拆包裹，拧螺丝，装设备，一会儿跳跃，一会儿飘移、旋转，航天员仿佛化身武林高手。

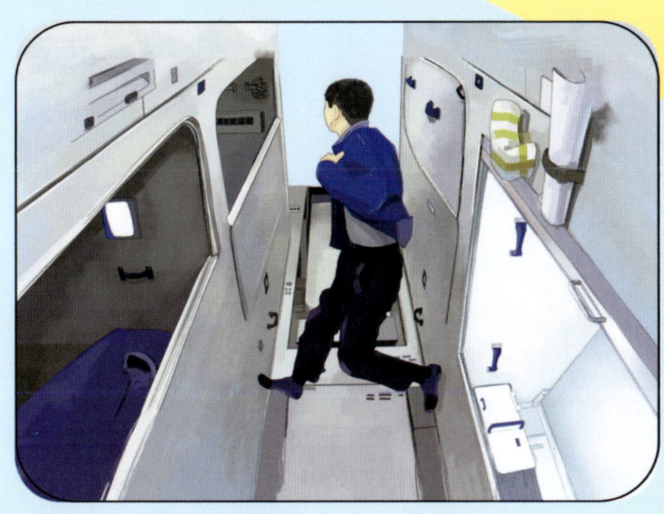

洗手间

在太空上厕所，航天员得先把自己稳稳固定，不然失重状态会让身体飘走。马桶做了特别设计，能“无缝衔接”抽走排泄物，保持太空环境清洁。

特殊的睡眠方式

在天和核心舱的睡眠区，航天员也可以享受到和地球相似的睡眠体验，固定睡袋可以帮助航天员保持卧姿睡觉。但是在问天实验舱，床是竖着的，航天员可以体验不一样的睡眠方式。

太空中的“球景房”

在天和核心舱，航天员的卧室是独立的小隔间，隔间一侧有个舷窗，透过舷窗，可以观看太空的美丽景色，还可以俯瞰地球，所以航天员的卧室被称为“球景房”。

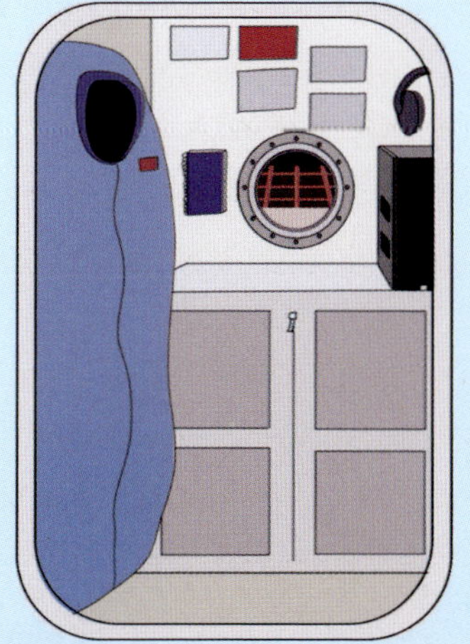

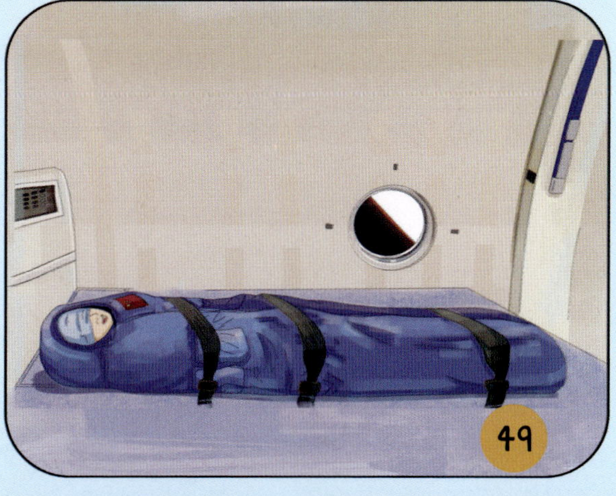

太空家电

空间站还配备了许多家电，如核心舱内就配备了微波炉、冰箱、饮水机等，这些设备可以满足航天员在太空中的日常生活需求。同时，为了保持身体健康，核心舱还配备了太空乒乓球、太空动感单车和抗阻拉力器等运动器材。这些设备都是为了保证航天员的舒适和安全。

太空冰箱

太空冰箱是必不可少的设备之一，它不仅能保存美食，还是科研利器！它存放着珍贵的低温样本。

太空饮水机

太空饮水机专门为航天员在太空中提供饮用水。在太空中，水资源非常珍贵，所以饮水机需要能够高效地净化饮用水，以确保航天员的饮水安全。

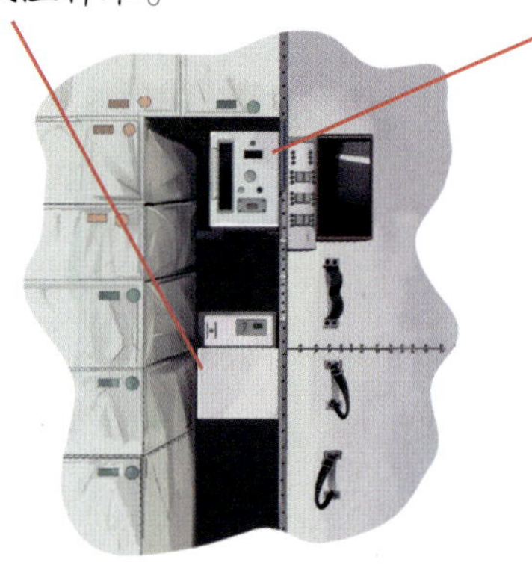

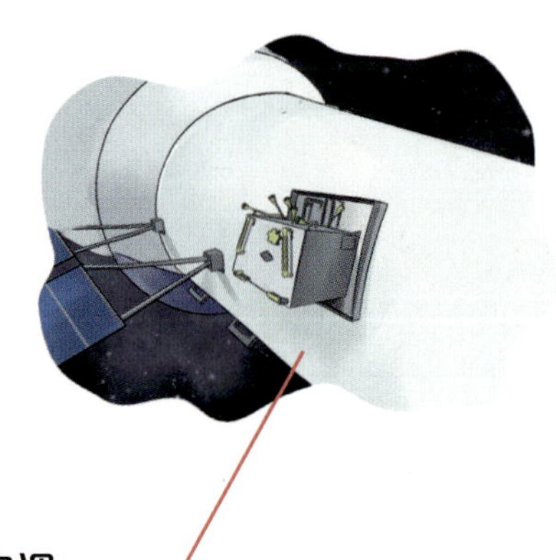

食品加热装置

这个装置是一个白色的方盒子，里面有三层加热空间。它可以定量对航天员的食品和饮料进行加热。

空调

太空环境复杂，昼夜温差极大，因此空间站也配备了功能更为强大的空调，保障空间站内部适宜的温度。

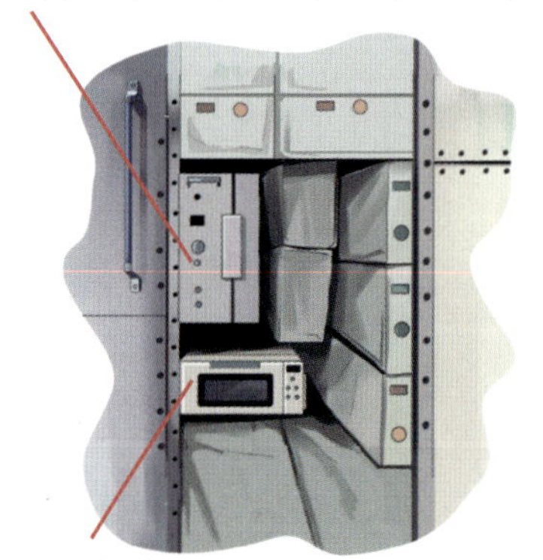

航天微波炉

航天微波炉是一种特殊的微波炉，被用于在太空中加热食物。

太空乒乓球

在太空中打乒乓球是一项非常有趣的运动，因为在失重的环境下，乒乓球会悬浮在空中。这意味着可以一个人追着球两头打，就像追逐一个在空中飘浮的泡泡一样。

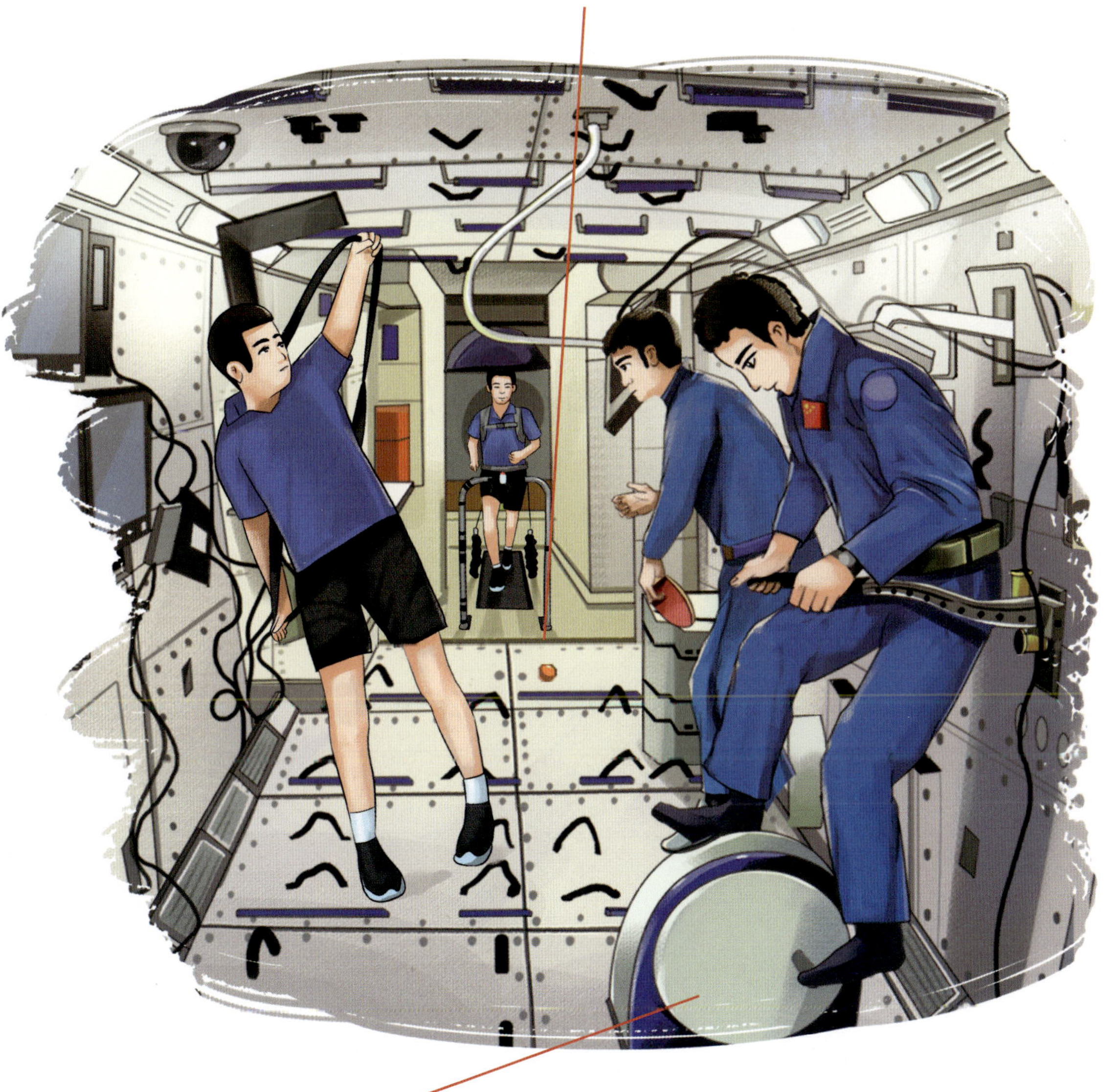

太空动感单车

在太空中，由于没有重力的影响，航天员的骨骼和肌肉会逐渐萎缩。而太空动感单车则可以通过模拟踩踏自行车的动作，帮助航天员进行有氧运动，增强心肺功能和耐力。

天宫课堂解密

“亲爱的同学们，大家好！今天我们将一起上一堂特别的课。”亲切的声音从几百千米外的中国空间站传来，这就是“天宫课堂”。在那里，老师们将为我们展示一些神奇的太空实验，这些实验不仅有趣，而且还能让我们了解到许多科学知识。比如，我们可以看到在微重力环境下水的奇妙表现，还可以了解到太空中的植物生长情况。这些实验不仅让我们对科学有了更深入的了解，更重要的是，它们还传递了一种探索未知的航天精神。这种精神鼓励我们不断探索、不断学习，勇往直前。

乒乓球能浮在水面上吗？

在地球上，乒乓球可以轻松地漂浮在水面上，这是因为地球上有重力，重力会让水产生浮力，让乒乓球能够浮在水面上。但是在太空失重状态下，不会产生浮力，所以乒乓球就无法浮在水面上了，只能停留在水中。所以，太空中的乒乓球需要特殊的装置来固定，以保证它不会四处飘浮。

水油分离实验

水与油在地面混合后，通常油会浮在水上面，形成明显的分层现象。这是因为水的密度大于大部分食用油的密度。但在天宫课堂的小瓶子里，水和油却没有分开。航天员快速旋转瓶子，产生离心力，实现水油分离。其实，这里面涉及的是物理原理。当小瓶子快速旋转时，会产生离心力。这种力量会使得瓶子里的液体向边缘挤压，由于油的密度比水小，它更容易受到离心力的影响，被推向瓶子的边缘。而水因为密度大，会留在瓶子的中央。这样，油和水就在旋转过程中分离开来。

水膜张力实验

你知道在太空中怎么制作一朵花吗？首先，我们需要一个金属圈和一个水袋。然后，我们把金属圈轻轻地放入水袋中，再慢慢地将它抽出来。这时，你会发现金属圈上形成了一个大大的水膜。接下来，我们把一个折纸花朵放到水膜上，在水膜的张力作用下，花朵开始旋转并慢慢展开。最后，一朵漂亮的花就在太空中绽放了！

蜡烛燃烧

在地面上点燃的蜡烛火焰是锥形的，而在太空中点燃的蜡烛火焰却是蓝色的，近似球形。这是因为在地球上有重力的影响。当蜡烛燃烧时，产生的热气会上升，而周围的冷空气会下沉，这就形成了一种叫作浮力对流的现象。但是在太空中的情况就完全不同了。那里的微重力环境几乎消除了浮力对流的影响。当蜡烛燃烧时，燃烧产生的气体向各个方向运动的趋势都几乎一样。因此，不论蜡烛的朝向如何，它的火焰都呈现出近似的球形。

毛细效应实验

在地面上，粗细不同的玻璃管插入水中，水位会慢慢沿着管壁升高，且细玻璃管升得较快。在太空中，这种毛细效应更明显，细玻璃管里的水位会快速升到顶。

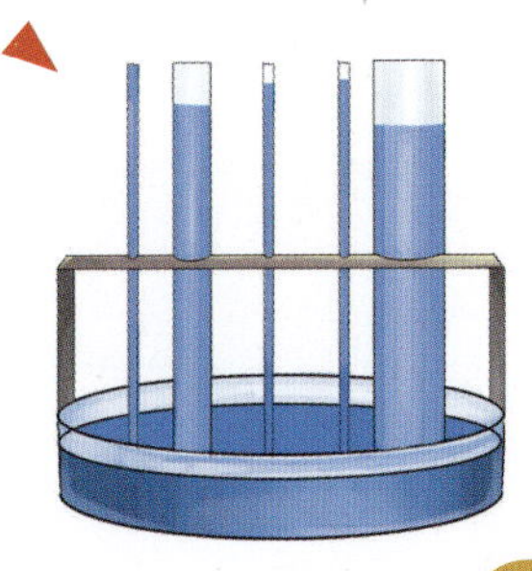

拿水球当乒乓球打

在空间站，可以用水球玩“乒乓球”大赛！水球在空中飘浮，被球拍触碰时不会破裂，而是粘在球拍上。用包裹着干毛巾的球拍碰它，水球会像乒乓球一样弹开，这是由于微重力下的表面张力的作用。这种神奇的疏水现象也在速干衣和防水冲锋衣中得到应用。

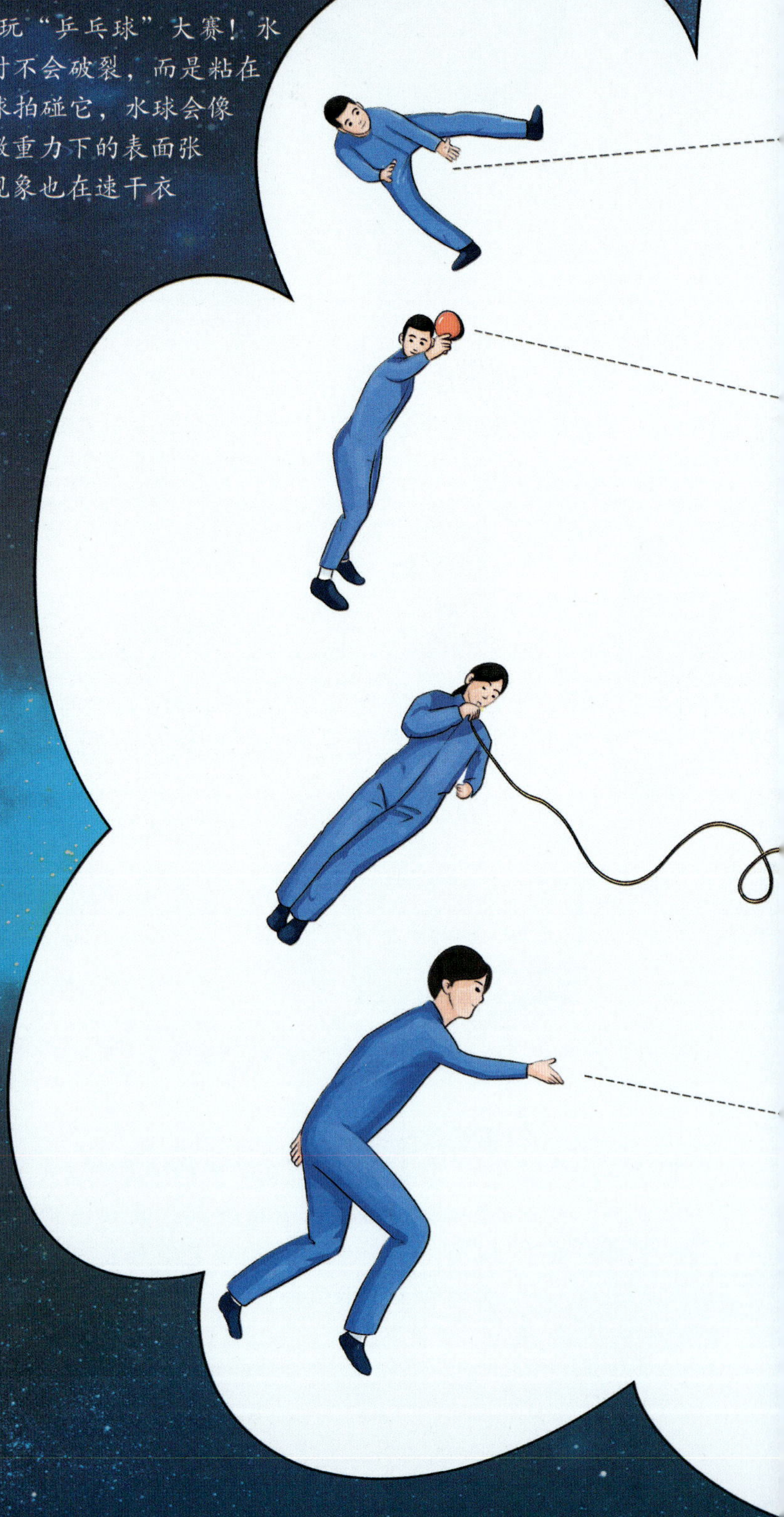

太空趣味饮水

我们平常用短吸管喝奶茶等饮品，由于重力的原因，吸管越长，吮吸会越费力。但太空里，用长达 2 米的吸管也能轻松喝水。这是因为太空微重力环境与地球重力环境大不相同。

笔直运动的冰墩墩

在太空中，冰墩墩被抛出时，不像在地球上按照抛物线的轨迹落下，而是匀速直线运动。这是因为牛顿第一定律，即没有外力时，物体会保持静止或匀速直线运动。冰墩墩在太空中几乎不受重力作用，且空气阻力特别小，所以速度不变，保持匀速直线运动。

会掉头的扳手

航天员把“T”形扳手一端标记上颜色，并让其上下翻转，没想到扳手还会自动左右翻转。

航天驾驶员

航天驾驶员是负责航天器操纵、监视、控制和管理工作的，也负责飞行计划的执行、航天器的交会对接、飞行安全的保障等任务，一般是从现役飞行员中选出。

航天飞行工程师

航天飞行工程师是负责航天器运行管理、设备维护和维修工作的，一般从航天工程及相关领域专业的科研人员中选出。

载荷专家

载荷专家是在载人航天器上从事空间科学研究、技术实验及有效载荷管理和操作等工作的，一般从空间科学研究及相关应用领域的科研人员中选出。

戴眼镜的航天员

神舟十六号乘组三名航天员中，有一副戴着眼镜的年轻面孔—— 我国首位进入太空的载荷专家桂海潮，这也是他的空间站“首秀”，他担负着在空间站开展大量科学实验的重要使命。

当我们看到戴眼镜的航天员，也许会感到疑惑：戴眼镜也能进入太空吗？

0 ~ 300 度为轻度近视

300 ~ 600 度为中度近视

高于 600 度为高度近视

太空站内可以戴眼镜，而在发射和返回的过程中不能戴眼镜。这是因为发射和返回过程中震动比较大，眼镜可能会与舱内压力服的面窗发生碰撞，从而导致航天员受伤。

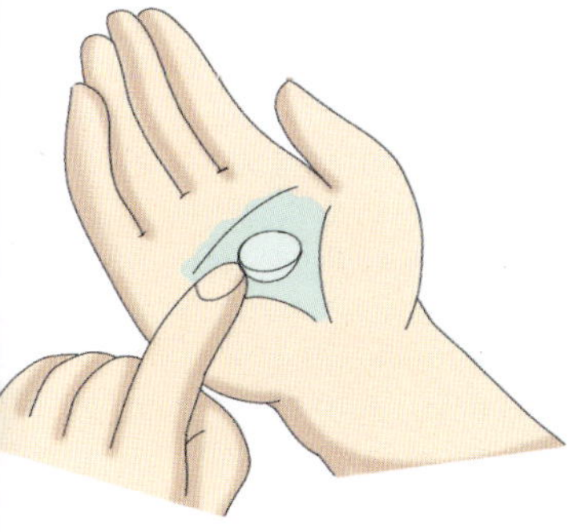

在太空可以戴隐形眼镜吗？

最好不要。首先，隐形眼镜要清洗，在太空中，水资源是很宝贵的，不能保证隐形眼镜的清洁，而不干净的隐形眼镜容易引起眼睛发炎。其次，在太空中由于失重和液体分布等原因，戴隐形眼镜容易使角膜水肿和变薄。

严苛的训练

当航天员不是一项轻松的工作，航天员需要具有一些特殊的技能和强壮的身体，所以，想成为航天员需要经历很多严苛的训练。

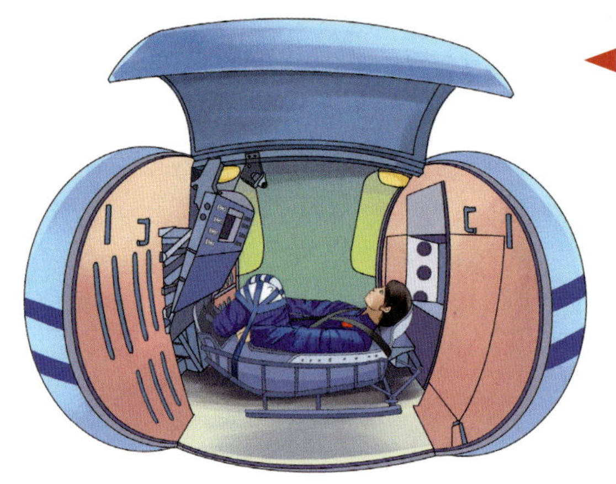

载人离心机

载人离心机是航天员的超能训练站！在吊舱内，航天员面对模拟的超重挑战，感受身体在重力下的极限。他们需要保持清醒，因为超重可能导致意识模糊和视线模糊。当屏幕上的三个边灯亮起，航天员需迅速反应，按下按键，这不仅测试他们的速度，更考验他们的意识清晰度。旁边的红色报警键是紧急求助信号，一旦感到不适，航天员可以立即按下，楼上的控制员会立刻停机。

离心机的旋臂长 8 米，通过调整旋转速度，可以产生不同的加速度，让航天员体验太空的飘浮和地面的重力。转速越快，感觉越轻；转速越慢，感觉越重。这就是失重与重力的奇妙转换！航天员通过这样的训练，为太空之旅做好准备！

严格的科目训练

航天员的训练可真不简单，他们要接受八大类严酷考验！从基础理论学习到体质锻炼，再到适应神秘的航天环境，每一项都不能马虎。心理训练让他们更坚强，专业技术训练则是他们的太空“驾照”。模拟飞行、救生演练，还有大型联合“作战”，这些都是他们的必修课。为了空间站的任务，他们还要学习空间站技术，操控机械臂，进行空间实验，真是太厉害了！

▲ 转椅

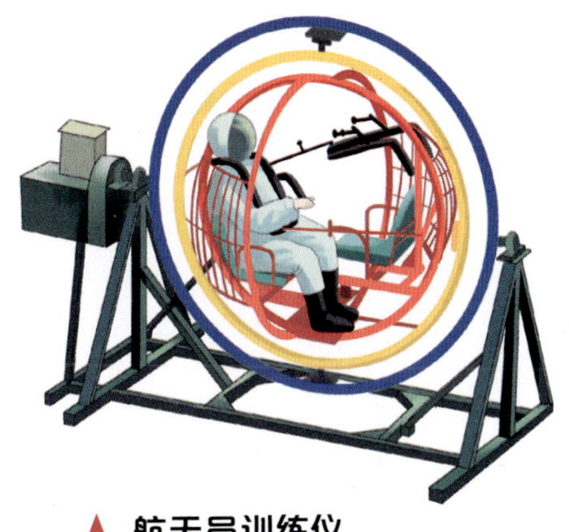

▲ 航天员训练仪

后记

“中国超级工程丛书”绘本版 8 本终得付梓，手抚书稿，却觉编纂之路仍任重道远。我们立志重磅打造含 48 本的丛书，从桥梁、港口、航空航天、高铁、能源、道路、车辆等各个领域展现我国超级工程与大国重器，展现一幅波澜壮阔的工程画卷。

俯瞰神州大地，纵贯山河的“超级工程”星罗棋布，中国名片成色十足。且看中国桥梁，港珠澳大桥宛如海中卧龙，五峰山大桥变天堑为通途，北盘江大桥、矮寨超级悬索桥横跨深谷幽壑，它们各展雄姿；中国港口，上海洋山港填海而建，青岛港自动化领先，广州港千年兴盛，宁波港后来居上，这些港口犹如经济的晴雨表；航空航天方面，长征系列运载火箭、神舟系列飞船使中国载人航天一飞冲天，“嫦娥”探月弥补千年遗憾，天问一号奔赴火星深空探测，从天宫一号到长期有人驻守的空间站，中国航天恰似大鹏扶摇直上；中国高铁从百年前的京张铁路发展到如今的智能京张高速铁路，从饱受质疑到引领世界，冲破技术封锁，风驰电掣；而中国盾构，从最初的中铁一号发展至今，海宏号穿梭于大海之下、蒙华号奋进于黄土之中、春风号穿行于繁华城市之下，成为人们引以为傲的国之重器……

在编纂过程中，我们时而为精妙的工程设计拍案叫绝，时而被无数工程师和科学家的默默付出深深感动。这些情感融入字里行间，赋予每本书温暖的底色。编纂这套丛书，从初稿成型，到逐步修改雕琢，编著者和专家们字斟句酌，幕后团队携手“保驾护航”，每一次修改，皆倾注众人的心血与期待，终盼来付梓曙光。如今，“中国超级工程丛书”绘本版持续出版中，路在脚下，任重而道远，愿这套书成为孩子们心中永不磨灭的星光。